养殖致富攻略·疑难问题精解

高效养蛇

GAOXIAO YANGSHE
300 WEN

300问

顾学玲　金天恩　贾华东　编著

中国农业出版社

北京

图书在版编目（CIP）数据

高效养蛇 300 问/顾学玲，金天恩，贾华东编著 . —
北京：中国农业出版社，2019.6
（养殖致富攻略·疑难问题精解）
ISBN 978-7-109-25535-7

Ⅰ.①高…　Ⅱ.①顾…②金…③贾…　Ⅲ.①蛇—饲
养管理—问题解答　Ⅳ.①S865.3-44

中国版本图书馆 CIP 数据核字（2019）第 099981 号

中国农业出版社出版
（北京市朝阳区麦子店街 18 号楼）
（邮政编码 100125）
责任编辑　肖　邦

北京通州皇家印刷厂印刷　　新华书店北京发行所发行
2019 年 6 月第 1 版　　2019 年 6 月北京第 1 次印刷

开本：880mm×1230mm 1/32　印张：6.5　插页：4
字数：160 千字
定价：28.00 元

（凡本版图书出现印刷、装订错误，请向出版社发行部调换）

近年来，随着城乡居民收入水平提高，普通民众的消费结构发生了很大变化，人们已不再单纯满足于传统肉、蛋、奶数量上的消费，而是向营养、健康、功能性和绿色食品方向发展。蛇类具有适应性强、易饲养、好管理等特点，可开发产品种类丰富，国内外市场需求逐年扩大，发展前景十分广阔。然而，蛇类与猪、鸡等传统畜禽相比，有其独特的生活习性和栖居规律。只有充分掌握这些特征和规律，才能为成功养蛇打下牢固的基础。

随着养蛇业不断壮大，作者在自己多年养蛇积累经验的基础上，参阅国内外大量文献，编写了本书，为广大养蛇者提供科技支援。本书不同于一般养蛇科普书，采用一问一答的形式，在适当讲述理论的基础上，加入对实践经验、市场和信息的全面介绍，对增加农民收入、调整养殖业结构意义重大，是一本养蛇爱好者选择适宜品种、掌握养蛇规律、加工多样产品的不可多得的工具书。

　　鉴于编写时间仓促，书中错误之处在所难免，请广大养蛇同仁批评指正！

编　者

2019 年 1 月

目录
CONTENTS

前言

一、蛇类养殖的成本效益账

1 初次养蛇应投资多少？

初次养蛇的投资可大可小，至今还没有较为确切的资金定位数，建议应根据个人的经济承受能力来决定，最好量力而行，由小到大慢慢地发展，力求做到稳中求发展、壮大，切忌一口吃成胖子，造成"蛇"本无归的惨剧。对于资金实力雄厚的单位和个人，不妨多异地考察、多与资深行家探讨论证，最好将资金分期、分批地投入，这样就会化解风险，收到预期的好效果。

2 初次养蛇应如何选择所养种类？

地处南方的养蛇爱好者应考察当地和周边县市的蛇类交易市场，选择流通性较广、消费量较多的蛇品种。因南方气候适宜、四季温差不大，是众多蛇类的原产地，故毒蛇和无毒蛇都可以人工养殖，其选择余地虽然很大，但必须跟着市场走，以市场和销路定品种，千万不要盲目乱养，造成养蛇成功但不赚钱、空赚"养蛇人"的"闹剧"。

地处北方的养蛇爱好者养蛇的可择范围很窄。这是因为北方特有的气候、地理和环境三大条件因素的制约而形成的，故毒蛇（蝮蛇除外）是不建议饲养的，除非有很先进的实验室和饲养条件。

同时，北方的养殖户在选择无毒蛇时也要慎之又慎，地处东北三省的养蛇者不提倡养殖广东、广西、云南、贵州、福建、四川、湖南、江西、浙江和安徽等省（自治区）分布的蛇类，因相隔甚远，地域差异性较大，若要养殖则条件应跟上；其他省（自治区）的养蛇者在选择蛇种时也要三思而后行，最好先少量引进试养，千万别盲目大量的引进，以免造成不应有的经济损失。

掌握正确的择蛇原则其实也很简单，就是先了解所养蛇的生活习性，看其食源能否完全解决，过夏、越冬的条件能否达到，三者缺一的话，养蛇就不十分顺利。因此，必须创造好所需的饲养条件才行，那样人工养蛇才会有成功的保证。

3 初次养蛇应具备什么条件？

人工养蛇只限于农村、郊区，城市的居民区和闹市区里不能养蛇，山区和林区是养蛇首选的好地方。只要当地有丰富的小动物资源，特别是靠近河边、库区、池塘、水田，水利条件较好，没有污染，没有噪声，有鼠类（蛙类）存在，有野生蛇出没的地方。养蛇场附近有孵化场（孵鸡、孵鸭、孵鹅的均可，因淘汰的或公的雏禽做饲料都很便宜）的地方均可养蛇。建造蛇场应选择向阳、通风、地势较高，具有一定自然坡度的地方。如养殖的数量较少，可利用闲院和闲房养蛇，这种方法尤其适合初养蛇者。

4 初次养蛇应养小蛇苗还是成蛇？

初养者应该先从半大蛇养起来比较好，也就是青年蛇。因它在长势、抗病、吃食、适应新环境方面均好于小蛇苗，并且饲养不久便可产卵或产仔蛇。如遇市场价高，当年便可出售，有利于回笼资金和增加养蛇者的信心。若从一开始便从成蛇养起，不但先期投入的资金比较大，而且从方方面面来讲，都不如养半大蛇合算。特别是投入资金较少者，可能买不了几条蛇，这种做法不可取。假如从小蛇苗养起，刚开始技术上肯定有一定难度，待自己孵化了幼蛇，有个心理适应的过程后再养，相对来说就比较容易了。因此，建议初养者应从青年蛇养起，也可从蛇蛋孵化做起。

5 在北方初养时，可否大量养殖南方蛇种？

如果已养殖多年，确实掌握了过硬的养殖技术后，是可以有选择性购买南方蛇种进行养殖的。但因路途较远，加之季节上的不利因素，远途运输极为不便，死亡率有时会很高，从而使种蛇投资过大，再加上短时间内南方蛇不能适应本地环境，造成体质急剧下降，从而增加蛇的发病机会，出现天天都有病蛇死亡的现象。

因此，建议初养蛇者不要盲目从南方购蛇养殖，尽量先从养本地蛇入手，待掌握一定的实践经验后，再从南方适当引进养殖不迟。引种一定要到正规的大型养蛇场，不要贪图便宜，委托南方人就地收购山野蛇，那样做是很危险的。俗话说，"贱钱无好货，好货无贱钱"。

二、养蛇基础知识准备

（一）蛇类的分类与分布

1 我国的蛇类有多少种？

蛇类是动物界中的一个大家族，也是爬行动物中数量最多的种类之一。目前已发现世界上约有蛇类近 3 000 种。

我国蛇类资源比较丰富，也是产蛇最多的国家之一，但大多分布于长江以南诸省份，长江以北蛇较少。据有关部门统计，我国大约有蛇 219 种，其中毒蛇类约有 50 多种，包括 16 种海蛇（均为剧毒蛇），陆地产剧毒蛇 10 多种，其余为无毒蛇。从总体来看，还是以无毒蛇种类居多（表 1）。

表 1　我国蛇类分科及分布

科　别	特　征
盲蛇科	体形较小、形似蚯蚓，全身被覆大小相似的鳞片，眼隐于鳞下呈一黑点，地下穴居或隐匿，无毒
蟒蛇科	穴居或树栖的大型蛇类，腹鳞较小，有后肢带及后肢残余，无毒
闪鳞蛇科	穴居，腹鳞较小，4 枚顶鳞中央有 1 枚顶间鳞，无毒
游蛇科	本科小型、大型蛇类均有，一般体形修长适度，腹鳞宽大。地面、穴居、树栖、水栖、半水栖的都有。除少数种类具后沟牙是毒蛇外，其余都无毒

（续）

科　别	特　征
眼镜蛇科	陆栖，体形修长适度，腹鳞宽大，具有沟牙，前身可竖立，扁颈。有以神经毒为主的混合毒
海蛇科	一般头略呈三角形，体粗尾短，上颌骨极短，可以竖立，其上只有管牙，有毒，主要是血循毒
蝰科：①蝰亚科　②蝮亚科	①没有颊窝的管牙类毒蛇；②具有颊窝的管牙类毒蛇
瘰鳞蛇科	无腹鳞，终生生活在沿海河口地带

2 我国的蛇类是怎样分布的？

　　我国蛇类的分布，以长江以南和西南各省份的种类和数量最多，其中以云南、贵州、广西、福建、海南、广东等省（自治区）较多，四川、江西、浙江等省次之；湖南、湖北两省蛇的贮量也不少。黑龙江、吉林、辽宁、山西、陕西、河南等省蛇的分布跃居北方之最。我国常见蛇类分科、属、种及分布范围见表2。我国各省份蛇类分布统计见表3。

表2　我国常见蛇类分科、毒性及地区分布概况

科别	常见种类数量或品名	毒性判断 有	毒性判断 无	属	种	主要分布地区
盲蛇科	3种		√	1	3	华南
蟒蛇科	金花蟒（黑尾蟒）		√	1	1	福建、广东、广西、云南
	沙蟒		√	1	1	宁夏、甘肃、新疆
游蛇科	火赤链（赤蛇）	√		36	157	南、北方广大地区
	黑眉锦蛇		√			南、北各省
	颈棱蛇		√			南方各省
	过树蛇		√			云南、海南
	翠青蛇（青竹标）		√			南方各省
	钝尾两头蛇		√			南方各省
	水游蛇（水赤链）	√				南方各省

（续）

科别	常见种类数量或品名	毒性判断 有	毒性判断 无	属	种	主要分布地区
游蛇科	山溪后棱蛇		√	36	157	南方各省
	绞花林蛇	√				江南各省，四川、贵州、安徽
	紫沙蛇	√				江南各省，西藏、云南
	繁花林蛇	√				江南各省，云南、贵州
	花条蛇	√				宁夏、甘肃、新疆
	金花蛇	√				福建、广东
	绿瘦蛇		√			广东、广西、福建、西藏、云南、贵州
	中国水蛇	√				长江南、北沿线省份（除湖南）
	铅色水蛇	√				南方各省、云南
瘰鳞蛇科	瘰鳞蛇		√	1	1	海南三亚沿海
眼镜蛇科	眼镜蛇	√		4	12	江南、西南部分地区
	眼镜王蛇	√				江南部分省、云南、贵州
	金环蛇		√			云南、江西、福建、广东、广西、湖南、海南
	福建丽纹蛇	√				江南各省、云南、贵州
闪鳞蛇科	闪鳞蛇		√	1	2	广东、广西
	海南闪鳞蛇		√			海南、广西、浙江
海蛇科	青环海蛇（斑海蛇）	√		10	16	南方沿海各省近海
	细腹鳞海蛇	√				南方沿海各省近海
	长吻海蛇	√				南方沿海各省近海
	海蝰	√				福建、广东、广西近海
蝰科：①蝰亚科②蝮亚科	尖吻蝮（五步蛇）	√		5	26	华中、华南、华东，系我国特产
	蝮蛇（草上飞）	√				除西藏、海南、广西外，全国各地都有
	竹叶青	√				甘肃、四川、贵州、安徽、江西

（续）

科别	常见种类数量或品名	毒性判断 有	毒性判断 无	属	种	主要分布地区
蝰科：①蝰亚科②蝮亚科	白唇竹叶青	√		5	26	云南、贵州、广东、广西、福建、海南
	烙铁头	√				甘肃、四川、贵州、安徽，江南各省
	菜花烙铁头	√				湖南、河南、山西、甘肃，西南各省
	山烙铁头	√				江南、西南各省
	蝮蛇	√				福建、广东、广西
	白头蝰	√				浙江、江西、福建、广西，西南各省
	极北蝰	√				吉林、新疆
	草原蝰	√				新疆

表3　蛇类分布统计表

省（自治区、直辖市）	云南	广西	福建	广东	贵州	海南	青海
种类	92	85	83	78	77	67	2
省（自治区、直辖市）	浙江	四川	江西	安徽	湖南	西藏	甘肃
种类	56	55	54	41	39	31	29
省（自治区、直辖市）	陕西	江苏	湖北	河南	辽宁	吉林	山东
种类	26	26	25	22	16	12	12
省（自治区、直辖市）	河北	山西	黑龙江	新疆	内蒙古	宁夏	
种类	11	11	10	10	9	3	

3　我国毒蛇的地理分布有哪些特点？

我国现有蛇类219种，其中毒蛇50多种，主要分布在长江以南诸省份。毒蛇的地理分布是以其垂直分布来确定的，以沿海到海拔1 000米左右的平原、丘陵和低山区较多。1 000米以上的山区较少，4 000米以上的高山地区基本上没有毒蛇分布。

（二）蛇类的生活习性

1 蛇类大多栖息在什么地方？

蛇种不同，栖息地就不同。但大多数蛇类喜欢栖息在温度适宜、离水不远、隐蔽条件好、阴暗潮湿、食物丰富的地方，如灌木丛、草丛、山地、森林、沟边、库区等，在这样捕食方便和隐蔽性好的环境中栖息，多以洞穴、裂缝、杂乱的砖石瓦块等处藏身。蛇白天多躲藏在窝中，待夜幕降临后出来活动、觅食，但也有少数蛇白天出来活动的，如乌梢蛇、中国水蛇、双斑锦蛇等。

2 蛇类有何生活习性？

蛇类属变温动物，对周围环境的温度反应比较敏感。外界气温在 20～30℃适合蛇类生长；当气温在 25～32℃，出窝活动较为频繁；气温下降到 13～20℃时，蛇便会本能寻找温暖场所；33℃以上，会寻找阴凉的地方或爬到水池、水沟中浸泡纳凉。初春阳光明媚的日子，当气温上长到 18℃以上时，蛇喜欢在中午出窝晒晒太阳；夏季暴雨过后，尤其是晚间，蛇出窝透气的特别多，几乎是倾巢而出。

其他时间如白天"反常"出来的蛇，大多是体弱或有病的蛇，应抓紧隔离治疗。但也有例外的时候，那就是少数健康的公蛇也喜欢白天出窝活动。健康蛇与病蛇从外观上看是很容易分辨的。

3 蛇类为什么会有冬眠（夏眠）的习性？

蛇类是较为原始的冷血动物，它本身没有汗腺，不能调节自身的体温，其体温随栖息环境温度的变化而变化。当外界的环境温度降低时，蛇体内的新陈代谢便会减慢，活动量明显减少，以至于不吃不喝不动，处于昏睡状态，以"冬眠"的形式来度过漫长冬季。这也是蛇类长期延续下来的抵御恶劣气候的原始本能行为。

蛇在炎热的夏季，当气温上升到 32℃ 以上时，蛇因为耐受不了持续不下的高温，也会转入短暂的"夏眠"阶段。时间上南北各异，完全取决于当地的气温高低。蛇一旦进入"夏眠"，也会同"冬眠"的蛇一样，既不吃食，也不蜕皮，采取非常消极有限的营养供给方式，以此躲过盛夏的高温酷暑。

4 **蛇类的冬眠（夏眠）习性能打破吗？**

可以打破蛇类的冬眠（夏眠），但必须有相应的条件作可靠保证才行，如国家级的先进实验室或大型动物园的蛇展馆。一般养殖户也可打破养殖蛇类冬眠，以期尽快获利。

要解决蛇的"夏眠"就显得容易多了，在每年的盛夏来临之前，应及时栽花种草，搭建凉棚。但有时亦会不尽如人意，最好的办法就是安装遮阳网。操作时只能罩上蛇场的一小部分，千万不能将整个蛇场都罩住，否则会因围墙太高，罩得太严导致不通风透气，直接影响蛇场和蛇窝的空气对流。因此，一定要用好遮阳网，确保蛇类盛夏无"夏眠"，达到增重不掉膘的目的。

5 **蛇类的栖息环境都一样吗？**

由于蛇的种类不同，具体的栖息环境也有很大差异，大致可以分为 5 种：地面生活、树栖生活、水栖生活、穴居生活、海水生活。

（1）地面生活的蛇类 大多数蛇类都属于地面生活的一类，这类蛇的主要特点是腹鳞宽大，在地面行动迅速敏捷。如生活于山区的五步蛇、烙铁头、紫沙蛇、眼镜王蛇、丽纹蛇、竹叶青、白头蝰、王锦蛇等。蝮蛇、蝰蛇、眼镜蛇、金环蛇、银环蛇、白唇竹叶青、黄脊游蛇、黑眉锦蛇、棕黑锦蛇、乌梢蛇、赤链蛇等多生活在平原、丘陵地带。沙蟒、花条蛇多生活在沙漠戈壁地带。

（2）树栖生活的蛇类 树栖生活的蛇类主要特点是体形、尾部细长；极善缠绕和攀爬；视觉相对比较发达；腹鳞宽大，两侧的侧棱较明显。它们大多数时间栖息在乔木、灌木树枝或枝干上，如绿瘦蛇、翠青蛇、金花蛇、繁花林蛇、绞花林蛇等。竹叶青和烙铁头、赤链蛇也常攀援在树木上，但不如前者自如。"蛇岛"蝮蛇也属于树栖生活类。

（3）水栖生活的蛇类　水栖生活的蛇类，大部分时间或终年在溪沟、稻田、水塘、库区等水域活动及觅食，其特征是体较粗短，自泄殖肛腔后尾部骤然变细，类似毒蛇的尾巴，腹鳞退化不发达，鼻孔位于吻部背侧。这类蛇有中国水蛇、渔游蛇、铅色水蛇、水赤链等。

（4）穴居生活的蛇类　与穴居生活有关的蛇类，多是一些比较原始和低等的中小型蛇类，其特点是头小、口小、尾短细，眼睛和腹鳞均不发达。常于晚上或阴暗天气时，爬到地面上活动，如闪鳞蛇、盲蛇。

（5）海水生活的蛇类　这类蛇的最大特点是终生生活在海洋，其尾进化成侧扁形状，鼻孔生于吻背，躯干略侧扁，腹鳞不发达甚至完全退化。海蛇均为剧毒蛇，如扁尾海蛇、长吻海蛇、青环海蛇、平颈海蛇等。

6　蛇类的嗅觉灵敏吗？

蛇类的嗅觉器官，亦称为嗅觉感受器或犁鼻器。

蛇类虽然有点眼钝耳聋，但它的嗅觉器官却非常发达，已经转化为灵敏的化学感受器，靠其来寻找食物和逃避敌害，照样可以生存得很好。这是因为蛇有细长、尖端分叉的舌（又称为"信子"），特别是在它爬行的时候，舌头吞吐得更快，样子令人恐惧，故有人误认为这就是蛇的有毒器官，其实它并没有毒。蛇舌经常伸出口腔外，并不起味觉作用，但能接受环境中的化学分子，再把它送入犁鼻器中，然后产生出嗅觉来。蛇将舌伸出口外，无须把口张开，因为在蛇嘴的吻端有一缺孔，舌头通过缺孔伸出口外不停地探索和摆动。蛇的舌尖上有丰富的黏液和许多敏感物质，起触觉和味觉的双重作用。

（三）蛇类的摄食习性

1 蛇类的主要摄食习性有哪些？

蛇类为肉食性动物，主要捕食活食，有些蛇类也食死的动物。由于蛇类所处的生活环境不同，体形大小不同，以及处在不同的生长时期，其捕食的食物亦大不相同。

蛇类的主要食物饵料有蛙类、鼠类、鸟类、昆虫、蜥蜴、蚯蚓、泥鳅、黄鳝和小型兽类等。在饥饿难耐或长时间食物缺乏时，绝大部分蛇都会吞食同类，尤其是成年蛇出现吞仔、吞弱现象。蛇一旦养成吃蛇习性，一般终生难以改变。

生物学家根据蛇类捕食食物品种的多少，将其细分为狭食性和广食性蛇类两大类。狭食性蛇类仅吃某一种或几种食物，如眼镜王蛇只吃蛇和蜥蜴，翠青蛇只吃蚯蚓和昆虫，钝头蛇只吃陆生的软体动物，乌梢蛇只吃青蛙和泥鳅。广食性蛇类所捕食的动物种类很多，如赤链蛇吃杂鱼、青蛙、蟾蜍、鸡雏、蜥蜴、鸟及蛇，还吃部分死食；灰鼠蛇既食蜥蜴、蛙、昆虫，又爱捕食鸟、鼠和其他蛇类。眼镜蛇除吃上述食物外还吃鸟蛋。

蛇类摄食习性的范围往往与它们所栖息的生存环境相关。一般蛇类生存在一个食物丰富、品种繁多的环境里，食饵的可择范围比较广的，多属广食性蛇类；水栖生活的蛇类则多以鱼类、小虾等为食；穴居生活的蛇类多以蚯蚓、昆虫等为食。主要毒蛇和无毒蛇的食性见表4、表5。

表4　主要毒蛇的食性

项 目	昆虫	泥鳅	鱼	蛙	蜥蜴	蛇	鸟	鸟卵	鼠类	蚯蚓
金环蛇		+	+		+	+				
银环蛇		+	+	+		+			+	
眼镜蛇		+	+	+	+	+	+	+	+	

（续）

项　目	昆虫	泥鳅	鱼	蛙	蜥蜴	蛇	鸟	鸟卵	鼠类	蚯蚓
眼镜王蛇					+	+				
各种海蛇			+							
蝰蛇	+				+		+		+	
尖吻蝮				+			+		+	
蝮蛇	+			+			+	+	+	+
烙铁头					+	+			+	
竹叶青				+	+				+	
白唇竹叶青									+	
赤链蛇		+	+		+	+				
各种水蛇		+	+							+

表5　常见无毒蛇的食性

项　目	泥鳅	蚯蚓	昆虫	鱼类	蛙类	蜥蜴	蛇	鸟类	鼠类	鸡蛋
王锦蛇			+		+	+		+	+	
各种游蛇	+	+	+	+	+	+	+	+	+	+
棕黑锦蛇	+				+			+	+	+
乌梢蛇	+				+					
灰鼠蛇			+		+	+	+	+	+	
滑鼠蛇					+	+	+	+	+	
百花锦蛇	+			+	+	+	+	+	+	
翠青蛇		+			+				+	
蟒蛇					+			+	+	
黑眉锦蛇			+		+	+		+	+	
三索锦蛇					+	+		+	+	

2　蛇类摄食习性的共同点有哪些？

　　无论是广食性蛇类还是狭食性蛇类，它们均有如下几个共同的特点。

（1）采食均是"囫囵吞枣"　　蛇采食时，不是咬碎后一口一口地慢慢往下吞，而是采取"囫囵吞枣"的方式整体吞食。蛇类虽然没有四肢，但有密排倒钩的锯齿牙，因而一旦捕到食物后便用牙钩挂住食物直接吞入腹中。如果捕到难以直接吞咽的大食物，便会先用自己身体的前半部分迅速将食物缠绕几圈，并且越缠越紧，待其完全窒息死亡，将其挤压变细后再慢慢进食。蟒蛇在吞食较大食物时便是采用此种方法。毒蛇捕食时大多采取突然袭击的方法，先是猛咬上动物一口，将毒液注入所捕动物体内，咬住稍等片刻后再行吞食；但有时也会先把动物松口扔掉，待几分钟后动物中毒或死亡时，再从容不迫地吞进肚内。大多数蛇类在吞食食物时，会本能地找寻食饵的头部，从头部开始，但也有从咬获部位开始吞食的情况，如虎斑游蛇、赤链蛇等。

（2）个别蛇吃"腐"食　　绝大多数的蛇类只捕食活的小动物，对已死动物是不予理睬的。仅有个别蛇类除正常的吞吃活动物外，还喜欢吞食"腐臭"的动物尸体，如赤链蛇。但人工养殖状况下，是不赞同让蛇吃"腐"食的，以防引发肠炎。

（3）因环境而"择"食　　同种蛇类因所处的区域环境不同，所捕食的主要品种也会随之变化。例如，蝮蛇在我国的华东地区主吃蛙类和鼠类；在大连的"蛇岛"上，则变成主要吃过往的鸟类；在新疆的西部又以吃蜥蜴和草原蝗虫为主。

（4）采食随着季节"变"　　大多数蛇类的采食结构会随季节变化而发生变化。这是因为季节不同，蛇采食的食物品种和数量也不同。因随着季节的不断变化，原来可采食的动物已长大或已没有了，只能选择其他动物来饱腹。再者，不同季节蛇类活动的时间，也因所采食动物的活动时间而随之改变，如乌梢蛇便随着蛙类上岸活动空间而调整自己的捕食时间。春天因蛙类处在交配期，在岸上的时间比较长，乌梢蛇便全天采食；夏季天热，蛙在傍晚或清晨活动量大，其吃食便改在"一早一晚"；秋季乌梢蛇也是随蛙类活动而改变"择"食时间的。

（5）成蛇、幼蛇的食性差异大　　有的蛇类，成蛇和幼蛇在食性上的差异比较大，如极北蝰和蝮蛇，成蛇以鼠类为食，幼蛇则食各种昆虫和其他无脊椎小动物。

（6）消化快慢有"说法"　蛇类消化食物的速度快慢与所处环境的温度有关。在正常情况和一定的温差范围内，环境温度越高，蛇的消化速度越快；其进食频率亦与消化快慢有直接关系。另外，蛇类的消化能力均非常强，无论吞食什么动物都能充分地消化和吸收，连骨骼也无任何残留。只有鸟羽、蛋壳和兽毛不能消化，但能随同粪便一起排出，不会造成消化不良。

（7）"蛇儿"离不开水　众所周知，蛇类的耐饥饿能力比较强，常常可以几个月甚至一年不吃食物也不致饿死（只是不死而已，健康状况则谈不上）。但蛇类一般都是嗜水动物，除沙蟒、花条蛇等荒漠或半荒漠上生活的蛇类不需要额外饮水外，其余蛇类都需要适量饮水。有水无食情况下，蛇类耐饥饿时间相当长；无食又无水的话，蛇类耐饥饿时间则会大大缩短。蛇类蜕皮也需一定的"水分"，我蛇园常见到一部分因干燥而蜕不下皮的蛇类，喜欢潜在水中浸泡，离水后很快就能轻松蜕皮。

（8）同样蜕皮，不一样的"感觉"　蛇类蜕皮时，陆地生活和树栖生活的蛇类均停止捕食，而穴居生活和半水栖生活的蛇类则照常捕食。这是因为前者觅食以视觉为主，嗅觉为辅，蜕皮时视觉严重模糊，暂时无法捕食。后者觅食是以嗅觉为主，视觉为辅，蜕皮时对嗅觉没什么影响，因此会照样捕食，与平时没什么两样。

3　蛇类喜欢吃人工配合饲料吗？

从总体上来讲，蛇类是不喜欢的。因蛇类喜欢捕食活体的小动物，而人工给蛇类配制的饲料多为动物的下脚料，如猪肺、鱼肉、鸡肠、猪肉、牛肉和鸡蛋等，这些都不是蛇类所喜食的。但有时饲料短缺了，临时又供给不上蛇食，可以把绞碎的人工配合饲料给蛇类强行灌喂，但时间不宜过长，否则导致消化不良，引发肠炎和口腔炎。

4 蛇类喜欢吞食哪些蛋类？

蛇类较喜食各种鸟蛋，其次是野鸡蛋、野鸭蛋，大型蛇类亦吞吃水库边、河边的鹅蛋。

在人工饲养过程中，我们发现蛇爱吞食鹌鹑蛋、鹧鸪蛋，其次才是鸡蛋和鸭蛋。赤链蛇和王锦蛇尤其爱食鹌鹑蛋。蛋类投喂的最佳季节为春秋两季，夏季不宜投放。因夏季温度高、雨水多，剩余的蛋类若不及时拣出，很容易变质、发霉。投喂蛋类时应少投、勤投、定时、定点，最好投放在蛇场的阴凉处或背阴处，千万不能放在阳光照射的地方，以防高温变质，造成不应有的浪费。

5 在人工养蛇条件下，能否将蛇驯化为全部吞吃死食？

根据我蛇园多年的驯化结果看，赤链蛇已完全适应了吞吃死食这一饲养行为，但其他的蛇类暂时还不行。通过多年的对比饲养，我们发现赤链蛇在长期吞食死食的过程中，吞食量往往比吞活食的采食量要大，且增重方面也比较理想，为死食二次利用开辟了一条可行之路。

死食可在冰柜、冰箱中冷冻贮存，待喂蛇类时应提前1小时取出，放水中化开或直接用自来水冲开，手感没有冰凉感觉时方可投喂。投喂前，可注入所需的营养物，确保蛇类不因投喂死食而出现营养不良。

6 两条蛇或多条蛇同时抢食同一食物时怎么办？

蛇类是既贪吃又懒惰成性的动物，有时饿极了也不主动捕食，专好抢食同类口中正在吞咽的食物。少则两条，多则三四条蛇在争食一只蛙（鼠），弄不好会出现蛇吞蛇或群蛇相残的状况。若发现不及时，会造成不应有的损失。倘若遇到这种情况，只需用剪刀将抢食的食物剪开就行了，这样每蛇一小份，谁也吞不了谁。缺点是经过这样的折腾，有的蛇会弃食而去，还有吞食入腹的也会反吐上来。因此，建议剪食时要速战速决，尽量减少在场内的逗留时间。

7 饲养员在场会影响蛇类吞食吗？

蛇类有胆大不怕人的，也有见人就逃窜的。像王锦蛇和赤链蛇就属于比较胆大的种类，投食后即使饲养员在场，也不会影响它们进食，直到把食物吞进腹内，才会慢悠悠地爬走，亦有少数原地蜷曲不动。乌梢蛇属于胆小的种类，听到声响便会溜之大吉了。像这类蛇，饲养员投饲后应该立即退出，否则它连窝也不敢出，更谈不上当着饲养员的面吃食了。但也有例外的时候，像形体较大的乌梢蛇，若长时间不投食物，一旦投饲它会快速作出反应，敏捷地出窝捕食，一点也不怕人。总之，不管饲养哪种蛇，必须摸透它的生活习性和规律，只有这样才能将蛇管好、养好。

8 蛇类可以同场人工混养吗？

毒蛇不能同场人工混养。因各种毒蛇的毒素成分不同，不同种类的毒蛇混在一起很容易相互咬斗，造成毒素混合不纯，无法保证干毒的出售质量，从而影响到出售价格。

无毒的肉食蛇可以同场混养，养蛇户若摸透它们的习性，完全可以把几种脾气温和、出窝活动差异不大的蛇圈在一起同场混养，不仅便于饲喂管理，加大了原有场地的圈养量，更是省下了另建蛇场的钱，养蛇户不妨试试这个两全其美的好方法。

9 蛇场可以安灯诱虫吗？

在蛇类的捕食旺季（夏末秋初）到来之前，在蛇场里安装几盏节能灯和黑光灯，可诱捕各种飞蛾和昆虫供蛇、蛙一块捕食，以此来增加蛇和蛙的食物品种，有利于蛇的生长发育，并延长了蛙的寿命，保证让蛇随时捕获到鲜活的食物。同时还便于饲喂人员在夜间观察蛇的活动和进食情况，有效解决了夜间难以辨清蛇踪的问题，为进一步养好蛇打下坚实基础。

（四）蛇类的活动规律

1 无毒蛇有何活动规律？

蛇类的活动是有一定规律的，蛇的种类、分布不同，活动规律也明显不同。以山东省为例，无毒蛇的活动规律大致是：每年的4月中旬左右，当外界气温慢慢地上升到15～18℃时，各种蛇类均从冬眠中醒来，纷纷从冬眠的蛇窝爬到洞口或到向阳处晒太阳。5月以后，气温基本上稳定了，蛇类便出窝活动、喝水，寻偶交配。但对投喂的食物不太感兴趣，只有很少的一部分蛇进食。进入6月，北方的天气已经很热了，蛇类进食能力明显增多，大都进入蜕皮高峰期。7～8月是蛇类的产卵期。此季它们经常在水边活动，甚至将整个身体都浸泡在水中，只露出蛇头浮在水面，还有的则整天盘蜷着身体在阴凉处休息，活动时间大多在清晨或晚间。9～10月，温度适中，蛇类活动量和吃食量明显增多。进入11月天气逐渐转凉，上旬天气暖和时还见蛇类进食或晒太阳；一旦进入下旬，气温明显转低，蛇类便进入了冬眠前期。12月至翌年4月上旬是蛇类的冬眠期，长达5个多月。

2 毒蛇有何活动规律？

毒蛇的活动规律跟无毒蛇一样，也是因地域和种类的不同而有明显的差异。有的喜欢白天觅食活动，如眼镜蛇、眼镜王蛇等，称为昼行性蛇类；有的喜欢昼伏夜出，如金环蛇、银环蛇、赤链蛇、龟壳花蛇等白天怕强光，喜欢夜间出来活动和觅食，称为夜行性蛇类；有的喜欢在弱光下活动，常在清晨、傍晚和阴雨天出来活动觅食，如蝮蛇、五步蛇、竹叶青、烙铁头等，称为晨昏性蛇类。

毒蛇的具体活动时间还与所捕食对象的活动时间相关联，并不是一成不变的。例如，蝮蛇多于傍晚前后捕食蛙类和鼠类，但"蛇岛"蝮蛇则于白天在向阳的树枝上等候捕食鸟类。新疆西部的蝮蛇也常于白天捕食蜥蜴。

毒蛇的活动规律又随季节变化而变化。每年的3月中旬（惊蛰至清明），毒蛇由冬眠慢慢苏醒过来，但其反应迟钝，动作缓慢。4～5月（清明至小满），毒蛇的活动能力逐渐增强，开始四处觅食，但爬行速度还是比较缓慢，是蜕皮和交配的季节。6月（小满至夏至之前），毒蛇经常外出觅食、饮水、戏水，进入活动的旺盛期。7～8月（小暑至处暑前），是全年气温最高的月份，多数蛇类完全离开冬眠的场所，迁至隐蔽条件好的水边生活，多在早晚或夜间外出活动和觅食。9～10月（白露至霜降前），毒蛇二度进入活动频繁季节，觅食量大增。"秋风起，三蛇肥"，说的就是此季，它通过大量捕食来增加体内营养的贮量，为冬季越冬和御寒打下基础。11月（霜降）以后，当气温下降至13℃以下时，毒蛇便陆续进窝（洞）冬眠了，直至来年春暖花开之季方才苏醒过来。

3 后沟牙类毒蛇有何活动规律？

后沟牙类毒蛇属游蛇科，是介于毒蛇和无毒蛇的中间种类，此类蛇多属中小型蛇类，故人工饲养多以体型稍大的赤链蛇、虎斑游蛇为重点饲养对象。

通过养殖发现，这两种蛇的生活规律也是介于毒蛇和无毒蛇之间：虎斑游蛇，多于暴雨或雷阵雨过后便倾巢出动，继而大量捕食；有些性急的捕食后不管是不是头部，就一味地往口腔内硬吞。赤链蛇属于夜间活动的蛇类，多在20:00以后出窝活动、觅食，一直到次日东方发白之时再返回原洞。此蛇白天很少活动，若发现白天有在窝外活动的多为病蛇，应引起注意；但将身体全部浸泡于水中，只露出头来呼吸的，则是健康蛇。

中华水蛇多作为人工养蛇的饲料蛇，此蛇夏天爱将身体泡于水中，样子与赤链蛇相仿，只是多条或几十条常常缠绕在一起；还有相当一部分水蛇极善攀爬在树干、树枝或小灌木上纳凉。此蛇抗寒能力和耐饥饿能力都很强，适合养殖后用来饲喂王锦蛇和大型赤链蛇，眼镜蛇和银环蛇也喜欢吞吃它。

4 **投食会改变蛇类的活动规律吗？**

蛇类虽然相貌丑陋，呈凶恶状，给人以恐惧感觉，实际上它的胆子非常小，还是很怕人的。因此，进场投食时尽量动作麻利，不要大声喧哗，尽量减少在蛇场内的逗留时间，以免因进场人员多或滞留时间长，造成其活动反常，致使所投喂的食物出现不该有的"剩余"，继而加大清理的劳动量，使人力、物力直接受损。

5 **场内清池换水时，会改变蛇类的活动规律吗？**

夏、秋两季是蛇类的活动高峰期，用水量明显多于春季，频繁的清池换水会影响蛇的活动规律。加之换水时，一般要将水中的蛇捞出或轰走，蛇正常的栖息环境便遭强制性破坏，有的蛇会因惊吓出现拒食现象。建议换水后 2～3 天暂时不要投食，以免造成食物上的浪费。

6 **恶劣天气会改变蛇类的活动规律吗？**

"知冷暖，辨阴晴"是蛇类自身所具有的本能反应，也是蛇类抗御大自然恶劣气候的一种较为原始的适应性。

大多数蛇类不但知冷怕热，而且还厌恶风和雨。无风或一二级微风时，它们经常出洞活动；三到四级风时则很少出洞；五至六级风时，蛇类几乎不出洞。据养殖观察，正在活动、觅食、蜕皮的蛇类，一旦遇到天气变化或突然下雨便立即返回窝中或栖息处，但水栖蛇类例外。待恶劣天气过后，蛇类便恢复其正常的活动规律。

7 **蛇类在交配旺季，会改变活动规律吗？**

大多数不会改变，只有少数不健康的蛇类，因体力严重不支，而会延长交配时间，自然也就有异于以往的活动规律。这也是鉴别优劣蛇的一种好方法。蛇类在春季的集中交配期很容易观测到其活动规律，因蛇场内的草和植被尚未长好，蛇场显得比较空旷，观察起来比其他季节要容易得多。

（五）蛇类的生长发育

1 哪种蛇长得最快?

蟒蛇的长势最快,我国产的蟒蛇长达4～7米,能咬死并吞食体重10～15千克的野鹿和山羊等动物。在正常的养殖情况下,一个半月后的幼蟒可以喂给较大的食物。据有关测定资料记载,蟒蛇是所有蛇类中生长速度最快的,其次是王锦蛇,眼镜王蛇长势也令人满意。

2 蛇类正常生长发育的基础条件有哪些?

(1) 过硬的养蛇技术。
(2) 建造合理的养蛇场。
(3) 多样化的食物和洁净的水源。
(4) 完善的越冬、越夏设施。
(5) 合理的密度、适宜的采光和温湿度。

3 蛇类多长时间方能达到性成熟?

从蛇类的性机能发育而言,蛇出生后1～3年性器官发育成熟,具有寻偶交配的要求和繁殖能力。但是要具体到每种蛇个体发育成熟的早晚,必然受种类、生存环境、性别等一系列因素影响。通常情况下,雌蛇较雄蛇性成熟要早,大型蛇比小型蛇成熟快,南方蛇比北方蛇要快。在我国南方,个别长势快、发育好的蛇,只需13～18个月即可达到性成熟。

4 毒蛇与无毒蛇的生长发育有何不同?

大部分毒蛇的生长发育要比无毒蛇慢。毒蛇达到性成熟至少要2年;一些长势较快的无毒蛇只需一年多即达到性成熟。人工养殖的毒蛇则需经过2～3年,才能发育成熟,这是因为人工过度采毒引起的。蛇毒是毒蛇的消化物质，起促进消化的作用，若无节制地频繁采毒，必会导致其食欲不振、消化不良，严重的还会引发口腔炎发生，使蛇类正常的捕食、吞咽受阻，直接影响其生长发育。从某种意义上讲，人工养殖的毒蛇更是远远地落于无毒蛇之后，不如其长势快、发育好，这与毒蛇的"嗜蛇"行为有一定关系。

5 不同年龄的蛇生长发育都一样吗？

生长是生命延续的自然现象之一。蛇类同许多动物一样，幼年时期生长发育较快，以后逐渐减缓，但达到性成熟后仍会继续生长，直到老死。其生长发育的速度往往随着年龄的增大而减慢，且每年都有一定的间断。例如，"冬眠"和"夏眠"时期，蛇类则会停止一切生长和发育。总之，蛇类生长发育的高峰期是在幼年结束后的青年时期。

（六）蛇类的蜕皮与寿命

1 蛇类怎样蜕皮？

蛇类蜕皮时，身体呈半僵状态，先从吻端（唇部）把上、下颌的表皮磨破一处裂缝，然后从头至尾逐渐向后翻蜕，直至从新表皮的末端完全蜕出。蛇类在蜕皮时，大多借助于粗糙的地面、树干、建筑物或蛇窝的拐角处、砖石瓦块的不断摩擦而进行。因此，在人工养蛇时，要人为地为蛇类营造好蜕皮环境，促其顺利蜕皮。

蛇蜕的完整性是检验蛇体是否健康的一个重要标志。健康的蛇蜕皮只需几分钟；不健康的蛇（另一种情况就是蜕皮延至孕期）蜕皮慢，而且蜕下的皮也不完整。

养殖状态下蛇类在出蛰后和入蛰前各有一次集中蜕皮，其余时间依据身体状况进行蜕皮。

2 **蛇类一年中要蜕多少次皮？**

　　成年蛇类一般每年蜕皮3次左右，少数达到4次；幼年的蛇类生长速度快，蜕皮的次数较多，一般仔蛇和幼蛇每年可蜕皮4～5次或更多，平均32～45天蜕皮一次。冬季蛇类既不进食也不蜕皮。影响蛇类蜕皮次数的因素很多，食物丰富时，其生长较快，蜕皮次数也多。另外，蛇类栖息处的湿度及环境与蛇类蜕皮也有密切关系。总之，蛇类蜕皮与生长是成正相关的。

3 **蛇类蜕不下皮来会导致死亡吗？**

　　蛇类蜕皮与生长是完全一致的，也是正常的生理现象。若长时间蜕不下皮，大多会引发死亡。在每年的春季，特别是北方诸地区，由于天气干燥的缘故，要格外注意才行。处在孕期的孕蛇，因其身体后部明显地变粗膨大，正常的蜕皮至此部位便会严重受阻，继而出现蜕皮难现象。此季应经常进入蛇场，及时观察孕蛇的蜕皮情况，一旦发现蜕皮受阻，应人工帮助蜕之，尽量减少由蜕皮不畅引发的蛇类死亡损失。

4 **刚蜕过皮的蛇类该怎样处理？**

　　大多数蛇类在蜕皮前期身体呈半僵状态，没有捕食行为（水栖或半水栖蛇类除外）。但蜕皮后身体状况随即便恢复如初了，此时应多多投喂，特别是营养丰富的适口食物。此外，蛇类蜕皮时体内的水分流失较多，蜕皮后应及时地给予补充，尽量满足蛇类的正常饮水，否则因脱水缘故，也会造成蛇类急骤掉膘。由脱水造成的掉膘现象，在短时间内很难赶上去，希望养殖户引起重视。

5 **毒蛇和无毒蛇的寿命都一样吗？**

　　因毒蛇的生长发育均慢于无毒蛇，故毒蛇比无毒蛇的寿命要长（蟒蛇除外）。例如，无毒蛇中的乌梢蛇，虽然体较肥大，但其寿命只有蝮蛇的一半。人工养殖条件下的蝮蛇寿命为 7～12 年，最高纪录超过 15 年。再如，体长、个大的滑鼠蛇（水律蛇）和灰鼠蛇，其寿命却比竹叶青要短得多。

（七）蛇类的繁殖规律

1 蛇类每次平均繁殖数量是多少？

蛇类的平均繁殖数量为十至十几条。蛇产卵（仔）数量的多少，主要随蛇类的种类、年龄和身体大小、具体的饲养情况而定。一般大型蛇多于中、小型蛇，青壮年、体大、健康、发育好的雌蛇多于年幼（老）、体小、不健康和喂养管理跟不上的蛇。另外，蛇类繁殖数量的多少亦与雄蛇的体质有直接关系，还与雌蛇交配后的时间长短有关。

2 哪种蛇的繁殖数量最多？

蛇类中的多产母亲当属蟒蛇，可产卵几十枚至百多枚。毒蛇中蝰蛇产仔也较多，最多的可产仔 60 多条。乌梢蛇的产卵量也不少，健康无病的青年蛇每次可产 20 枚以上，多者达到 30 枚。

3 蛇类的雌雄怎样搭配才合理？

蛇类为雌雄异体的变温动物，行体内受精。雌雄蛇一经交配后，雌蛇便不再与其他雄蛇交配了，因它有贮存雄蛇精子的能力，精子可在其输卵管内存活 4～5 年，并连续 3～4 年产出受精卵。而一条雄蛇可与多条雌蛇交配，故雄蛇的投放数量不宜过多。

人工养殖状态下，有条件的养蛇户，平时应将雌雄蛇分开单养，到交配期来临前将雄蛇投放到雌蛇群中，待交配期过后再将雌雄蛇分开饲养，这非常有利于种蛇的培育和优选。若饲养的是商品蛇，则没这个必要。

4 蛇类是怎样求偶交配的？

蛇类的交配高峰期一般在每年的春末夏初，秋季也有交配，但明显少于前者。蛇类交配前大多是雄蛇主动寻觅雌蛇，雄蛇跟踪雌蛇皮肤和尾基部性腺释放出来的雌性激素寻觅到雌蛇，二蛇相遇后先是雌雄蛇昂头并行，随后雄蛇便伏在雌蛇的身体上面，将交配器（半阴茎、蛇鞭）插入雌蛇的泄殖肛腔内（每次只用一个）。在交配时，雄蛇的情绪异常激动，不断摇头摆尾，并主动缠绕雌蛇，而雌蛇则伏地不动，任其吻抚缠绕，但有时雌蛇也会将身体前部直立起来予以配合。类似这样的缠绵动作能持续几小时，甚至几天，然后雌雄分开，交配随之结束。在蛇类的交配期间，雌雄蛇情绪均较平时暴躁许多，对外来的惊扰往往会给予猛烈的扑咬和攻击。故此时期，养蛇（场）户应减少进场的观望次数，尽量杜绝陌生人进入。人为地给蛇创造一处较为安静悠闲的饲养场所，让其顺利实施交配。

5 蛇类交配后多长时间可以繁殖后代？

大多数蛇类春季交配，夏季产卵（仔），规律为每年一次。也有少数蛇为隔年繁殖，每2年繁殖一次。其规律性较强。养蛇户若观察细致，自然会发现这个规律。

6 蛇类繁殖多在哪个月份？南北有差异吗？

大多数蛇类交配后很快便进入产卵期，不同种类的蛇产卵（仔）期也各不相同。例如，五步蛇6～8月；眼镜蛇6～8月；银环蛇5～8月；乌梢蛇5～6月；王锦蛇、黑眉锦蛇6月中旬至7月；赤链蛇多在6月底至7月；双斑锦蛇8～9月；蝰蛇、蝮蛇、海蛇、竹叶青蛇都是卵胎生，均在每年的8～10月产卵（仔）。

依据蛇类品种的不同，其产卵期亦明显不同，南北也形成时间上的差异，即南方蛇产卵时间早于同种的北方蛇类，提前15～30天，且年年如此，周而复始。

7 蛇类有哪几种繁殖方式？

蛇类可分为卵生和卵胎生两种繁殖方式。

卵生蛇类所产的卵呈椭圆形，白色或呈白褐色，卵壳柔韧，常彼此粘连成块，又称"卵块"。

卵胎生蛇类的本质也同卵生，所不同的仅是在卵受精以后，没有从母体排出来，而是停留在母体的输卵管下端的"子宫"里，等受精胚胎在母体发育成幼蛇后才产出。此种繁育方式的蛇类多为长势较慢的毒蛇，如蝰蛇、蝮蛇、竹叶青、海蛇等。

8 蛇类临产前有何预兆？

从外表看，临近产卵（仔）的孕蛇身体后部特别粗糙膨大，且花纹因身体逐渐变粗已变了形，显得特别薄。孕后期时，蛇类腹内的卵数量清晰可见。临近产卵（仔）时，孕蛇停止饮水、摄食，爬行速度特别缓慢，给人一种"大腹便便"的笨重感觉，它会本能地寻找理想的产卵（仔）场所，如墙角、草丛、地上蛇窝外侧、地下蛇窝顶侧的隐蔽处，均是它产卵（仔）的好地方。

9 蛇类正常产卵（仔）多长时间一次？

蛇类产卵（仔）的时间不同，产卵（仔）快的青年蛇只需30分钟至2小时，处于亚健康的成蛇则1～2天，健康状况不佳的甚至更长，严重的会因产卵（仔）消耗体力过大而导致死亡，这种情况不是太多。大多数健康蛇每产一卵（仔），约需30秒至10分钟，产死胎要比正常生产延长1倍左右；也有间隔时间在2～10分钟或间隔几小时以上的，这些均属正常。孕蛇产卵（仔）多选在夜间，这可能与夜间环境安静有关。

10 蛇类有孵卵、护卵的习性吗？

大多数蛇类没有这种习性。眼镜王蛇产卵后似有护卵习性，但时间不会长久，只是象征性地看护几天便自动离开。蟒蛇有孵卵、护卵的习性，雌蟒产卵不久便将身体盘伏卵上，用自己的体温来孵化；雄蟒则不离雌蟒左右，共同看护它们的后代。孵卵期间的蟒蛇性情凶暴，对外来的干扰会给予猛烈的攻击，直至将敌害方驱离自己的"地盘"。

11 蛇类有杂交现象吗?

有人总是担心混养条件下的无毒蛇会出现杂交现象，其实这种担心纯属多余。另据蛇类科学家的研究和观察，野生蛇类虽然种类繁多，但它们都能较原始地保持种类的完全独立性，即生殖隔离。不同种类的蛇一般不进行交配，因此根本不存在杂交型的混种蛇类。笔者从事无毒蛇的混养近 30 年，除赤峰锦蛇和棕黑锦蛇之间确有杂交之外，未发现其他蛇类有杂交现象。

12 处在临产期的雌性毒蛇还能采毒吗?

雌蛇产卵（仔）前的半个月内不能采毒，产后也应相隔20～30天，以利产卵（仔）或产仔后尽快恢复身体。卵胎生的蛇类，在产前、产后的 1 个月内均不能采毒，这种生产方式虽有利于仔蛇的生长发育，但雌蛇的体力和营养消耗均大于产卵方式的雌蛇。因此，若急于采毒会引起大批死亡，严重的还会影响仔蛇成活率。

13 雌蛇产下畸形卵怎么办?

由于雌蛇体质、环境、喂养、管理等方面的原因，个别雌蛇会产下少部分畸形卵，这类卵个小、不匀称、色淡、壳薄、呈水样，根本不能孵出仔蛇，应及早将干瘪的蛇卵拣出扔掉，不要为此浪费时间。畸形的鲜卵虽不能入孵，但可以食用，吃法跟鸡蛋一样，煮、煎均可以，就是放汤喝稍有腥味，口感不算理想。

14 临产蛇出现难产怎么办?

可采取"舍大保小"的方法。发现难产蛇，应及时剖腹取出蛇卵，用事先消毒好的剪刀剪开胎衣并依次取出蛇卵，然后用干净的毛巾揩净卵上的黏液，待全面干燥后即可进行人工孵化。死亡的雌蛇若是乌梢蛇或银环蛇，可加工蛇干或泡制蛇酒，不会因此而影响药效。

15 临产孕蛇出现难产是何种原因引起的？

每年到了蛇类的繁殖季节，或多或少会有一些临产孕蛇出现产卵（蛋）受阻的状况，尽管这种比例不是很大，可这种现象各地却也频频出现。

临产孕蛇难产有许多方面的原因，主因是临产孕蛇自身畸形，如骨盆畸形、输卵管狭窄、胆结石存在和生殖系统有炎症等；其次还有蛇卵（蛋）本身个头过大、畸形等。饲养中出现的难产原因，除上述因素外，不排除饲养管理不当所导致，如环境过于嘈杂，窝舍设计不合理，长时间温、湿度差过大，食物单一致使营养跟不上和饮水未能足量满足等。

16 能否人为把剩余的蛇卵（蛋）推压出来？

临产孕蛇多数已将蛇卵（蛋）自行排出体外，可仍剩余一至两枚多日却不见排出，一直存留在体内，相信许多人遇到这种情况，都是非常棘手或万分头痛的。此时该怎么处理呢？继续等待，顺其自然，还是人为挤压出来呢？让人举棋不定、无从下手。

通常情况下，有人会用手指慢慢推压临产孕蛇的腹部后端，人工助蛇排出剩余的蛇卵（蛋）。尽管这个不是方法的方法很多人在用，但不得不承认还是存在极大风险的。弄不好会有并发症出现，如输卵管破裂、输卵管脱垂甚至导致临产孕蛇死亡。采用腹部推压的一个重要前提是，如果可以通过泄殖腔观察到蛇卵（蛋），则可通过这种助产手法，尝试着慢慢把卵（蛋）挤出来。反之，则不建议操作。

17 可以给难产的孕蛇做剖腹产手术吗？

通常情况下，临产孕蛇多在蜕皮 7～10 天后产卵，也有蜕皮后近一个月的，这些均属正常情况。如果孕蛇蜕皮超过 50 天还没有产卵（蛋）的，就得格外注意了。有关使用激素、催产素的剂量等细节，可咨询熟知的兽医。

对临产孕蛇难产实行剖腹产的问题，因多数养蛇人在医学方面都是实打实的"门外汉"，起码连一名合格的兽医都不是，贸然对难产的临产孕蛇实施剖腹产手术，饲养现实中实不可取。除非是相当懂行的医生或兽医，那还得严格按照医疗处置程序，在设备齐全的医院或动物医院里进行。不然的话，万不可随意操作。这断然不是剖开蛇腹、取出蛇卵（蛋），然后缝合那么简单的，这里坚决杜绝盲目尝试。

三、蛇类的人工养殖

（一）蛇场的建造方法

1 养蛇场有哪几种建造方法？

目前，我国的养蛇事业发展很快，各地建造的养蛇场种类繁多、五花八门。但具体归纳起来，大致上有蛇房养蛇、室内外结合养蛇、露天养蛇场和立体养蛇场等 4 种建造方法。前两种比较适合较小投资的初养户，可以因地制宜，搞家庭式的庭院养殖。第三种适合于投资中等的南方省份，北方不宜建造这种模式，对蛇类越冬不利。第四种建造方法虽然造价稍高，但它南北适宜，比较适合蛇类的需要，优点是可以规模养殖。至今为止，还没有哪种方式能够与立体养蛇场相媲美。

2 怎样设计好养蛇房？

这种方式非常适合于初养蛇者，蛇房可以利用一般的闲置房屋。若没有闲房空屋，需重新建造新房，这种投资又不划算了，不如直接建小型的立体蛇园。因闲房变蛇房的投资仅在几十元或几百元之间，初养者只需按照养蛇的标准和要求稍加改造即可，适宜业余养蛇爱好者使用。

具体的改造设计方法是：在内墙面光滑无损、无大裂缝的情况下，只需将墙角处理成弧形即可，最简单、最省钱的解决方法是，利用一块宽 0.5～0.6 米，长 1.2～1.5 米左右的黑色塑料薄膜，用薄竹坯或木条围绕薄膜两边用铁钉子钉上，墙下角用土把薄膜的底边压上夯实即成，使蛇类无法从原90°的墙角爬上去。蛇房的地面应重新铺一层厚10～15厘米的新鲜土（大田土）；在铺土的同时，应在蛇房的中间位置放几个水盆，供蛇类饮水、洗澡之用，铺土高度应与水盆的边沿齐平，最好用土固定住并且不能留下缝隙，以防蛇类钻进去做窝，但也不能将水盆固定得太死，因为还要不断地更换盆中的水。另外，还需要在太阳照射不到的角落为蛇类搭建一排简易的蛇窝，因蛇类栖息时不喜欢将身体暴露在光线明亮的地方，造窝的材料直接用红砖就行。建窝时先将3块红砖竖行排放，形成长72～75厘米的立面砖墙，相隔18厘米再放1排红砖，竖排砖的上面依次可横排6块砖，砖面上铺一层厚2～3厘米的干净土，可起保暖、清洁的作用。这样有规律地码排布砖，即可形成室内地上立体蛇窝了。窝的长度和高度可根据室内面积和养蛇数量的多少而定，最后用土将窝顶封住。再把墙角用塑料薄膜围住钉成弧形即可，这样可有效预防蛇爬到一定高度，有掉下来摔死或摔伤的可能。地上立体蛇窝的构造见图1。也可用木板直接搭建，顶层盖上棉被或毯子即可。

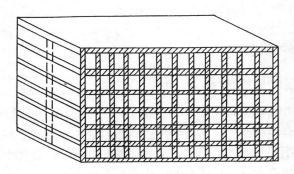

图1　地上立体蛇窝的构造

　　其次是蛇房的门窗一定得处理好，因一个很小的洞和缝隙都有发生逃蛇的可能。因此，蛇房的门窗一定要密闭好，窗户直接用铁丝网钉牢（但必须钉在不影响开窗通风的那面），同时需检查窗扇的结实程度，因蛇类爱爬上窗扇晒太阳或在此聚堆。若窗扇不结实或活页有松动的话，就有被群蛇压塌的危险。因此，在养蛇之前必须先将窗扇修理好，杜绝此类现象的发生。另外，蛇房的出入口，也就是门可以这样处理：在不妨碍开门出入的那面，垒上一溜单砖的墙面，高度以方便抬腿进出为宜，外墙面无须处理，只需用水泥抹光内墙面即可。这样不仅可以防止蛇类趁开门的一瞬间外逃，还可在冬季防鼠入侵。

就这样，一个既简单、又实用的蛇房就建好了。处理好这一切后，还应在室内空余的活动场地上栽种或摆放一些耐活的花草或矮灌木，尽量搞好蛇房的绿化和增湿，人为地为"蛇们"创造出一个安静、舒适的栖息环境，有利于蛇类的生长和发育。

3 怎样建好室内外结合的小型蛇园？

顾名思义，室内外结合的小型蛇园即利用闲房、闲院的另一种养蛇方式，虽在造价上稍高于蛇房养蛇，但从养蛇需求的实际来讲，方方面面均好于蛇房养蛇。其优点有以下几点：①增大了蛇类的活动面积，给予蛇类更自由的活动空间；②可以让蛇类自由自在地接受光照，有利于蛇类进食和蜕皮；③通风透气条件明显好于养蛇房；④有利于延长蛇食的存活时间，便于蛇类随时捕捉到活食；⑤可以随意栽花种草，彻底改善蛇房绿化的小环境，使养蛇环境更趋近于自然。

室内设施与养蛇房基本上一样，只是没有了门口的那堵矮墙。院墙需平整光滑，墙角也需处理成弧形，但不能使用白色的塑料薄膜，以防阳光照射后反光，加高蛇园内的温度，宜改用黑色的塑料薄膜，最好直接钉到墙顶，并用砖夹住，这样可防止雨水倒灌，避免将薄膜顶破，围边钉法与蛇房处理完全一样。另外，在蛇园的背阴处要修建水沟或水池，必须建成一头高、一头低的式样，并将排水口处理好，利于废水的及时排放。蛇园的总排水口宜建在排水方便、地势较低的地方，以防雨季来临排水不畅，造成蛇园、蛇窝的湿度过高，引发蛇类霉斑病的发生。

4 怎样建造立体养蛇场？

立体养蛇场是目前我国养蛇行业使用最多的一种养蛇模式，因其接近于自然环境，比较适宜蛇类的生长发育，也被人们称为"仿生态自然养蛇法"。

露天立体养蛇场的面积可大可小，形式上也不拘一格，可建成方形，也可建成长方形，主要依据因地制宜的原则。蛇场的选址很重要，最好建在向阳、通风，且有一定自然坡度的近水地带，尽可能远离城区或工业污染区，避免住户和噪声对蛇类的干扰，或蛇类对周围群众的威胁。蛇场还应建造在通水、通电、通路的方便地带，有利于日后的发展和壮大。

蛇场围墙的高度应在2～2.5米。若饲养的是中小型蛇类，高度可在1.5～1.8米，但围墙外需有防护墙，以防被人偷盗造成损失。墙基应深入地下0.3～0.5米，并用425♯的水泥砂浆灌注，墙基建材为砖、石结构。蛇场内墙壁应用石灰抹光抹平，切忌粗糙；内墙壁千万不能用白水泥处理，以防夏季阳光照晒反光，影响蛇场内的正常温度。围墙的内角砌成弧形以防蛇沿90°墙角呈S形外逃。

蛇场围墙的顶部应平坦，不能起棱。墙顶宽约24厘米。还可建成宽约50厘米，墙边突出于围墙两侧式样的，这样既可防止大蛇沿墙翻越墙顶外逃，还便于养殖人员行走和观察，更是投食、出蛇的搁放平台，在实际操作中作用很大。蛇场围墙的结构见图2。

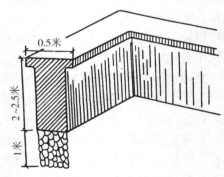

图2 蛇场围墙的结构

在蛇场的向阳处或地势较高的地方建造蛇房。蛇房分地下蛇房和地上蛇房两种模式，可同时都建，也可只建地下蛇房。因地下蛇房既可以挡风遮雨，又是蛇类越冬度夏的理想场所，是目前较经济、实用、科学、合理的一种建窝方式。

此蛇房深入到地下 2～3 米、宽 2.3～2.5 米，长度不限（主要依据养蛇量的多少而定），上顶用长为 2.6～2.7 米水泥预制件（事先做好）或厚木板（竹竿）做顶部支撑。用红砖有规律地层叠在一起，垒造出 9～14 层蛇窝。每个蛇窝为三块砖长，竖立两行，支撑呈长筒形，上面将砖横铺开来。横铺的砖面上要铺层新鲜土（挖土坑的土即可），厚为 2～3 厘米，土质必须细碎过筛，这样能起固定砖的作用，根本无须再用水泥或泥浆抹缝。挖好的土坑，四周坑壁与坑底无须专门处理，只需在挖坑时处理平滑就行。坑底若土质松散，可用打夯机夯实或用石夯夯实、夯平，以防土层下陷、塌方。坑底及四壁不处理的目的就在于利用它的自然土层断面，这样对控温保湿大有益处。处理好这一切后，就可以布砖码窝了。蛇窝的层与层之间在码排好第一层竖砖蛇窝雏形后，在靠近土层（坑壁）断面的每个蛇窝内口的壁面中间，挖一直通地面的凹形槽，槽径取啤酒瓶般粗细，可让上爬或下爬的蛇类以每层砖为着力点，自由自在地爬进爬出，使露天蛇场与"多层立体式地下蛇房"真正地浑然一体，成为名副其实的立体养蛇场。所养的蛇类在不同季节，可以很自由地选择它所需的那一层次。同时，更为不同种类的无毒蛇混养提供了宽敞、适宜的养殖、栖息空间。为进出观察蛇类和冬季取活蛇方便，在此蛇房背风的一端，挖造一处楼梯式样的梯形通道。此通道从地表直通地下蛇房，成为养殖人员随时上下出入的阶梯。蛇房通道和出入口的通道宽度是一致的，以供两个人并排通过为宜。另外，还需根据通道口的大小尺寸预制两块稍薄一些的水泥盖板，以供雨天或下雪天使用；也可搭盖结实的木板或铁板，但不能刷成白色。为做好保全防盗措施，还可在盖板上预留两个铁环，以利上锁，谨防冬季被贼人入内偷盗。因冬季蛇价最高，为保险起见，有条件者可直接安装报警器，力争做到有备无患，防患未然。

此外，通向地面蛇场的蛇类进出口可用瓦片盖好，严防夏季雨水倒灌蛇窝。此进出口应高于周围地面，以利于雨季排水防涝；另外，盖在进出口上的瓦口应高于地面8～10厘米，这样可保证蛇类顺利地爬进爬出，不至于划破它的皮肤。

为了改善地下蛇房内的空气流通，在蛇窝码好封顶，但未搭铺厚木板、竹竿时，须先预留一个通风口，水泥预制件应提早预留好，以便于安装陶管或塑料管通风，也就是直通地下蛇房顶部的通风管道。陶管或塑料管的内部直径为12～15厘米，在地面管道的上部最好再装上一个配套拐头，可防止雨水、雪水流入地下蛇房，确保地下的温、湿度始终处于恒温恒湿阶段，以利于蛇类的栖息。

地下蛇房建好后，为防止四周的雨水渗入，应在顶部全都埋入塑料薄膜。蛇房的四周紧挨着蛇的进出通道，也应埋入宽1～1.5米的薄膜，表面覆土10厘米以上。因薄膜被土掩埋压实后，既不影响栽花长草，更不用担心雨水渗透了。

在建好地下蛇房的同时，最好应将地上蛇房同时配套建好，免得以后养殖规模扩大了才考虑地上蛇房的适用性，那时再建造就相当费工费时了。因地上蛇房在蛇类活动期的利用率比较高，适合建造在蛇场的背阴处，不能让太阳光直晒。其建法与地下蛇房的蛇窝基本上一样，只是没有了蛇类的上下通道、中间走廊、通风口、人进出口及埋入土中的薄膜。地上蛇房的高低层数可多可少，既可建成单排的，又可建成双排的，主要根据蛇场大小和养蛇量来定。

5 "多层立体式地下蛇房"有何优越性？

多层立体式地下蛇房可全年使用。平时作为蛇类的栖息地，冬季又可成为蛇类理想的冬眠场所。长江以南诸省份使用此蛇房，在气温较高的夏天，尤能体现出其地下凉爽的优越性；还可根据不同地区地下水位的深浅，建成半地下、半地上模式的，以解决南方水位较浅，深挖易出水的弊病。而北方的冬季特别寒冷，此季只需在蛇房的顶部加大土层厚度，确保在当地冻土层以下，用棉絮或废报纸塞牢蛇类进出通道和通风口，盖好人的进出口并覆盖塑料薄膜后用浅土掩盖，即可使地下蛇房内的各种混养蛇类，安然度过长达4～6个月的冬眠期。

此蛇房的成功应用，不仅扩大了原有的养殖面积，也扩大了存蛇量。由原来储存一份蛇的面积，变成现在的十多倍，存量十分可观。蛇类的饲养环境也有了较大改善，使蛇场的生态环境变得更接近自然了，成为贴近自然的仿生态养蛇场，更有利于蛇类的健康生长。

此蛇房的设计成功，解决了过去早春、隆冬两季无法取活蛇上市销售的问题，变为可随时进入地下蛇房取活蛇供应市场的优点。因这时的蛇价最高，是平时的3～5倍。即便是三五条活蛇，也可以很方便地进入地下蛇房抓取，以满足不同客户的需求，真正让养蛇场（户）尝到"人无我有，人有我优"的甜头，增强规模养蛇的信心。

此蛇房可为不同种类的无毒蛇混合养殖（王锦蛇除外）提供不同的温、湿度空间，使所养的蛇类能够自由地选择它所适宜的蜗居层次，从而减少了重复建蛇场、建蛇窝的资金投入。此蛇房还具冬暖夏凉的特点，亦可适用于炎热多雨的南方地区，可谓南方蛇类的人造"避暑胜地"。更为昼行性蛇类和夜行性蛇类交替使用，提供了有效利用空间，使地下蛇房显得更加宽敞，不至于出现因蛇多造成窝内拥挤的现象。

在修建此蛇房时，因有意提高了与地面蛇场的坡度，再加上每个出蛇口都有半块竖砖作支撑（用连挂好的瓦片盖好），从而有效防止狂风暴雨对蛇洞口的突然袭击，无须在恶劣情况下再烦劳饲喂人员进入蛇场收拾应急。另外，地下蛇房的顶面是用土堆成的，除能起到控温、保湿的作用外，还可以在上面栽种花草，有利于蛇场的环境绿化和生态，更为蛇类提供了一定的活动空间。

此地下蛇房最大的优点是冬季在不进入蛇房的情况下，便可测得里面的温、湿度。将干湿表用长1.5～3米的细铁丝或尼龙绳系住，通过蛇房的通风口将干湿表递下去，就能很准确地知道下面的温、湿度。自然省却了许多麻烦。

　　能否设计建造出适宜的仿野生蛇窝，是养蛇中的关键技术，同时也是养蛇成功的重要保障之一。此蛇窝便很好地解决了蛇类一生也离不开蛇窝的问题。蛇类养殖者都知道，蛇类在饱餐一顿后，必定要爬入窝内静卧几天，待腹内的食物消化干净了，方才爬出蛇窝再次寻觅食物；其余时间（如高温、阴雨、狂风等，但有这类嗜好的蛇除外）或有蛇体本能感觉不适的其他因素，蛇均会爬进它们的窝。由此可以推算出，即使在蛇类的活动高峰季节，它在窝内的时间仍高达 2/3 左右。所以，蛇窝建造的是否合理、实用，是养蛇成败的关键所在。

6 蛇场建造应注意哪些事项？

　　一个良好的养蛇场，应有宽敞的活动场所，即蛇类的运动场。但运动场内不能栽种爬藤植物，如爬墙虎、葡萄；带刺花木，如月季、蔷薇、玫瑰、仙人掌等；以防蛇类被藤蔓缠住难以脱身或带刺花木刺伤蛇的皮肤，重者引起溃烂，导致死亡。冬青的遮阴效果虽好，但其枝条茂盛、并拢严密，蛇一旦爬入其中，多被枝条套住，很难顺利爬出。因此，蛇场内最好不要种植上述植物。

　　蛇场内不管修建水沟还是水池，最好因地制宜。若水资源比较丰富，可建成流水式水沟。再者，水资源丰富的地方，蛇类吃的食物相对来说也比较丰富，且大多来自水中。但北方的多数地区常年干旱，水资源较南方来说比较缺乏，水中的蛇食（如蛙、杂鱼）有时难以保证供给，大多数是靠鸡孵化场淘汰的小鸡来喂蛇，若一味采用水沟形式来供水，就会有一部分小鸡掉水沟里淹死，造成饲料上的浪费和损失。为避免这类现象的发生，可建造高于地面 10～15 厘米的水池。有条件者，还可在建池的同时预留一个下放水泵的小坑，这样能使池中的废水排除得更快、更干净。

　　建造蛇场围墙时，一定要处理得光滑、结实，决不能留有小裂缝或空洞，否则会导致蛇的外逃。因蛇类的伸缩能力特别强，只要是头部能够经过的地方，其身体通过不断地收缩也会随之钻出。一旦发现有逃蛇现象发生，要及时查找并抹堵裂口或墙洞，杜绝此类现象的再次发生。

蛇场的排水口应建在低洼处或排水方便的位置，有利于废水外排或雨季排涝。排水口应焊制铁丝网，在放置前必须先刷两遍防锈漆，以防生锈蚀烂。为了防止小型蛇类或幼蛇从排水口外逃，可将铁丝网在排水口内、外各放一层，这样就很保险了。

7 利用缸、箱、水池可否养蛇？

不能利用这些器皿养蛇，因养蛇不同于存蛇。养蛇就是要根据蛇的生活习性和栖息规律去管理，而不是随人的性格脾气去安排。蛇类本是较为原始的野生动物，将蛇放入那些狭小的容器内，因与自然条件相差甚远，先是出现拒食、拒水现象，待过一段时间后蛇便会隔三差五地出现死亡。即使有的蛇存活时间能长达几个月之久，但早已瘦得不成样子，最终还是难逃一死。

8 山洞、防空洞可以作蛇场吗？

若洞外还有空余闲地与山洞、防空洞相结合的话，完全可以用来养蛇。在养蛇前首先应该弄清楚山洞或防空洞的结构，堵死其他多余的出口；堵牢老鼠洞和刺猬窝；及时修缮不利于养蛇的地方。若投资较小，觉着划算的话还是可以的。其形式类似室内外结合蛇园，但从总体环境来讲，还是具不少优越性的，如洞穴内的恒温恒湿、冬暖夏凉、隔音安静、较野外污染少等，均是蛇类所需求的。在这里需说明一点，如果洞口与地面通道较长的话，在修建坡形道的同时，还应在另一侧修建成梯形通道，有利于蛇类的爬进或爬出。

9 盐碱地可以建养蛇场吗？

白花花、光秃秃的盐碱地是不能直接建造养蛇场的，但盐碱成分稍差、能长荒草、有野生蛇出没、附近有水源的地方还是可以的。例如，山东的东营孤岛、军马场、利津等地，虽是盐碱地加荒滩，但野生蛇的存量却堪称山东第一；其次是寿光、潍北、昌邑等地，也是盐碱地与荒滩的结合形式，天然的野蛇贮量自然也不少。若在类似的这些地方养蛇，还是可以的。倘若发展此行业，不妨先从养本地蛇入手，待掌握一定的养蛇技术，逐步将盐碱荒滩绿化治理好的情况下，再引进一些大型蛇种饲养，避免盲从盲养造成养蛇失败。

（二）蛇场内如何控温、保湿

1 蛇场内最佳的温、湿度应是多少？

蛇类是变温动物，温度的变化对其生长和活动影响很大。因此，将蛇场内的温、湿度控制在适宜于蛇类生长和活动的范围内，是人工养蛇的又一关键性课题。

一般情况下，25～30℃的温度最适合蛇类的生长和繁殖。若气温低于10～13℃，蛇就蜷曲着不爱活动；如果在40℃以上或低于0℃的环境中，体弱、体瘦的蛇就会大量死亡。所以，在人工饲养蛇类的过程中，要特别注意外界气温的变化，尽量做到有备无患，努力将损失降到最低点。

蛇场的控温一般又分为降温和保温两部分。降温工作多在炎热的夏季。降温时，除搞好蛇场的植被绿化外，还可采取喷水（需在清晨和傍晚，太阳强烈时忌喷）降温、搭棚避暑的方法；也可在蛇场的部分空间上方拉挂黑色遮阳网等。另外，蛇窝通风口的拐头应去掉，有条件者可顺陶管再插上一节，因高度增加了，势必加大蛇窝的空气对流，能有效缓冲蛇窝的温度，改善窝内的空气质量。总之，蛇场、蛇窝内的适宜温度，必须人为地给它们营造好，否则会影响蛇类的生长和发育。

蛇类对空气中的湿度也有较高的要求。如果空气过于干燥，蛇体内的水分流失较快，很不利于其生长和繁殖，特别会影响蛇类蜕皮，重者由于蜕不下皮而死亡。所以，蛇场内的湿度必须控制在适宜的范围之内，即50%～70%。特别是地下蛇房，一旦湿度过大，会引发蛇霉斑病、寄生虫及螨害的发生，不利于蛇类的正常栖息。蛇场内建造的水沟、水池，均能起到增加空气中湿度的作用。但在蛇类的冬眠场所，窝内湿度要较平常有所降低，不然会影响正常的温度。此季的窝内湿度应保持在 35％～40％，最高不能超过50％～55％。窝内的湿度过大时，可铺垫干草、干土、干沙、木屑、棉絮等，有利于冬季蛇窝的增温除湿，保证蛇类安然越冬。

2　夏季蛇场温度过高，对蛇有何损害？

人工养殖蛇类，无论是房养还是蛇场养殖，饲养的密度一般都比较大。盛夏季节的养蛇场所内，若温度过高或暴雨前后容易出现高温高湿及不通风等现象，均会造成所养蛇类不吃食、不活动、不蜕皮，有的甚至采取消极的御热方式而进入"夏眠"，这样势必会影响其正常的生长发育。因蛇本身无汗腺，不能调节自身的温、湿度。当场内温度接近 35℃时，蛇的饮水量就会增多，呼吸增快，精神萎靡，活动无规律；严重的会口吐黏液黏痰（由肺炎引起）并引发死亡。此季蛇得病往往有较强的传染性，多会造成较大的经济损失，应抓紧给药予以治疗。

3　除一般的降温外，还应采取何种应急措施？

蛇场降温工作虽然大部分养殖人员都能操作，但这些有时只是"治标不治本"，达不到预期效果。因此，最好采取"标本兼治"的应急措施。当蛇场内温度一旦达到 35℃以上时，应在蛇的饮用水中加入 5％～10％的葡萄糖和维生素 C 片，能起到一定的镇静和降温作用。

4　夏季雨水倒灌蛇窝该怎么办？

有些人在建地下蛇窝时，往往忽视了蛇窝应高出地面30～40厘米这一问题。并且建在不利于排水、排涝的蛇场低洼处，结果导致梅雨季节雨水倒灌蛇窝。一旦出现这种情况，应冒雨抓紧挖沟排涝、疏通排水口，及时将囤积在蛇窝周围的水排出去。千万不要等雨停后再挖再排，这样会加大窝内的进水量。待雨一停，应马上进入蛇窝排水。若进水量较大，人无法进入时，需动用抽水泵抽水；泵底要用尼龙网袋罩起来，不然会吸入异物或小蛇，耽搁排水工作，造成不必要的麻烦。待窝内的积水抽干后，出口或通风口应敞开以利通风散潮；同时要做好消毒防疫工作，确保大灾过后无大疫。短时间的蛇窝进水，对蛇类无多大妨碍。

（三）种蛇的选择和运输

1 哪些蛇类适合人工养殖？

目前完全适合人工养殖的蛇类不是太多，只有20多个品种，其中既有毒蛇，也有无毒蛇。细分之下，毒蛇约占1/3，如眼镜蛇、眼镜王蛇、金环蛇、银环蛇、五步蛇（尖吻蝮）、蝮蛇、赤链蛇、海蛇等，广西北海的海蛇养殖业闻名国内外。无毒蛇的可择性比较大，约占2/3，如王锦蛇、黑眉锦蛇、棕黑锦蛇、赤峰锦蛇、乌梢蛇、灰鼠蛇、滑鼠蛇（水律蛇）、三索锦蛇、百花锦蛇、玉斑锦蛇、黄脊游蛇和蟒蛇等。但蟒蛇被列入国家一类重点保护的野生动物，目前只限于有保护能力的科研单位、动物园及有条件的大型养蛇场养殖，普通农户暂时还不能养殖蟒蛇。纵观南北养蛇业，目前人工养殖的品种以王锦蛇、眼镜蛇和滑鼠蛇（水律蛇）等为主。

2 在选择蛇类上，南、北方应注重什么？

这里的南、北方是以长江为界划分的。人工养蛇应根据蛇类的具体分布状况、生活习性及所适宜的温、湿度来选择所养种类。南方气候温暖、潮湿，蛇类喜食的小动物资源特别丰富，加之南方人又有吃蛇习惯，注定了蛇类畅销。养蛇场（户）不妨多养几个种类，以满足不同层次的需求。从总体上看，南方养殖毒蛇和无毒蛇的前景均很好，尤其是近几年毒蛇的养殖在南方发展很快，且势头很猛。长江以北的诸多省份，专家则建议养殖适合当地生存的无毒蛇种类，如体型较大的王锦蛇、乌梢蛇、黑眉锦蛇和棕黑锦蛇、赤峰锦蛇、黄脊游蛇等。赤链蛇（毒性不大）虽属于中型品种，但以其好饲养、成活率高、价格平稳而受到养殖场（户）欢迎，且市场销量也很大。再者，北方蛇类养殖开发均落后于南方。因此，必须加大这方面的探索和研究，力争用最快的时间将养蛇技术不断地提高和完善。东北地区因为气候比较寒冷，最好养殖较耐寒的种类，如赤峰锦蛇、棕黑锦蛇、当地的蝮蛇。就养殖蝮蛇采毒需要重申一点，那就是国内的蛇毒市场普遍不好，压货现象相当严重，不要把精力过分地花费在采集蛇毒上；当前还是活蛇的销路最为稳妥，并且市场前景也很好。

总之，无论是南方还是北方养蛇场（户）均要充分考虑当地的气候条件、食物来源，以及所适宜的养殖品种和人们的用蛇习惯。在摸不准的情况下不要急于上马，应及时向有关蛇类专家或业内同行请教咨询，不然的话很容易导致决策失误。

3 人工养蛇如何获取种蛇？

（1）野外捕捉　在取得有关部门的批准后，可自己到野外去捕捉，然后进行严格的筛选，才能作种养殖。捕获种蛇的最佳季节是在每年的清明节以后，当外界气温慢慢回升到18℃以上时，蛇类便从冬眠场所爬出来晒太阳，因其刚刚结束长达几个月的冬眠，体力上还未完全恢复，根本不具备反抗能力。因此，很容易捕捉到。另外，此季的蛇类出窝活动后，并不急于觅食，却较集中寻偶交配。一旦捕捉到交配后的蛇类，进场后不久（6～7月）便会产卵或产仔。优筛进场后的头茬幼蛇，很适合长大后作种养殖。

（2）蛇场引进　在当地野生资源缺乏的情况下，必须到养蛇时间较长、有养殖规模、技术成熟、信誉较好的养蛇场直接引种养殖。引种时，一定要查看养蛇场的有关证件，仔细询问所引种蛇的年龄、具体食性和管理方法，切实把握好种蛇的选育标准，最大限度地减少由异地引进所产生的"水土不服"，尽快让种蛇早日适应。

4 种蛇在选择时应注意什么？

人工养蛇首先要有品质优良、体格健壮、大小匀称的种蛇。种蛇质量的优劣往往影响人工养蛇的成败。因此，种蛇的规格大小、身体健康状况和蛇龄必须有严格的标准和要求。种蛇的具体选择标准如下：

理想的种蛇从外观上看应是体格健壮、生猛有力、体色油亮（蜕皮时除外）、肌肉丰满、活泼好动、伸缩自如、无病无内伤、体重适中的蛇。一般蛇的外伤很容易用肉眼观察到，轻微的外伤大多经过简单的治疗即可痊愈，不影响作种养殖。关键是要查看有无内伤，具体的查看方法很容易掌握：即把蛇放在地上，观察它的爬行姿态是否灵活和自然；或以两手各执其头尾慢慢拉直并放在地上。看它的蜷缩能力如何，盘蜷能力强而迅速的蛇说明无内伤可以养殖，反之则不能作种。若养殖的是毒蛇，应逐条检查其口腔，仔细察看是否具有一副完整的毒牙，被拔掉毒牙的毒蛇，大多口腔红肿、难以吞咽和捕捉食物，导致营养供给不上而逐渐衰竭而亡。

除利用上述方法检测外，对于那些用肉眼暂时难以判断优劣的蛇，可先隔离试养一段时间，密切观察其活动状况或进食情况。在确认健康无病后，才能将种蛇放入已事先消好毒的蛇场内集中饲养，反之应及时处理或淘汰。

5 蛇类在多大体重上作种最适宜？

蛇类同其他畜禽一样，太重或太轻的均不能作种养殖。作种的蛇必须处在青年时期，并且同一种类也有体重上的具体限制，这样才能保证种蛇的质量。一般说来，种蛇的体重规格大小须控制在：小型蛇种在100～150克/条，中型蛇种在150～350克/条，大型蛇种在250～700克/条，大型孕蛇1 250～1 500克/条。

6 从集市（蛇市）上买进的蛇能否作种养殖？

有的养蛇户只图一时的省心和便宜，随便到当地或附近的集市

（蛇市）买来当时认为最好的蛇喂养，殊不知也买回来了许多隐患和不必要的烦恼。笔者认为，若要养好蛇，千万不要随便购买山民和蛇贩手中的蛇。由于近几年蛇价一直呈上涨势头，个别贪图暴利的不法卖蛇人早在出售前就已做了"手脚"，如注水、灌沙、填喂过量食物等。特别是注过水的蛇，最易给人一种肥胖、滋润、水灵的印象，但这种蛇活不了几天，更不用说用它作种养殖了。还有不少蛇贩，以骗钱为目的，以假乱真、以次充好、以病代健，坑害外地购蛇者的现象也时有发生。因此，建议最好到正规的蛇场去引种，避免上当受骗。

7 怎样包装种蛇？

种蛇的包装工具很多，如布袋、尼龙网袋、编织袋、木箱、纸箱、泡沫箱、塑料筐、铁笼、竹筐等，但较常用有尼龙网袋、编织袋和塑料筐。为了保险起见，往往是三样工具同时使用。一般尼龙网袋比较结实、透气，可作为第一层装蛇工具，外面再罩一层编织袋，因蛇喜暗怕光，蛇在里面自然也会变得老老实实，而且人从外面就看不到蛇了。倘若蛇类的数量较大，为了避免挤伤袋内的蛇，可将装入尼龙网袋的蛇放在塑料筐里，然后再连筐装入稍大一些的编织袋内，最后码排摆放即可。这样虽然麻烦一点，但运蛇途中非常安全、可靠，决不会出现跑、漏、挤压蛇的现象。下面分别介绍一下三种装蛇工具的尺寸：①尼龙网袋，长 0.9～1 米，宽 0.5～0.6 米；②塑料筐，长 0.6～0.65 米，宽 0.43～0.47 米，高 0.14～0.17 米；③大编织袋，长 1.1～1.15 米，宽 0.7～0.73 米。

塑料筐可到塑料制品销售点购买，尼龙网袋和编织袋可到批发市场购买材料自己缝制，也可买缝制好的成品。

8 种蛇装袋（箱）、封口前后应注意什么？

种蛇在装袋前应逐条检查蛇的外观质量，发现个别瘦弱蛇或不理想的蛇应拣出来，再做最后的质量把关，避免花钱买来劣质蛇。在装无毒蛇时，王锦蛇应独立包装，千万不能与其他种类的蛇混装在一起，否则运蛇途中别的蛇会成为王锦蛇的"美味佳肴"。装运毒蛇时，必须一袋一个品种，切忌大小差异较大的装在一起，慎防长途运输时大蛇吞吃小蛇。

无论装运哪类蛇和运输的距离远近，都应养成装蛇之前先检查蛇袋及其他包装的习惯，发现有断缝或破洞时应及时修补。因蛇类的伸缩能力很强，即便是手指头大小的洞，也会引起蛇的逃逸；要是包装袋上的缝线磨断或开裂了，造成的损失会更大；有时还会因蛇窜进驾驶室造成重大交通事故。因此，一定要绷紧安全这根弦，装蛇前仔细检查蛇袋；装蛇后，务必齐整整地扎紧袋口，再配上结实透气的外包装，就可以放心大胆地运输种蛇了。

9 种蛇如何运输好？

现在的交通很方便，远途运输不妨考虑空运。这样虽然费用稍微高一点，但由于直接缩短了运输时间，种蛇运至目的地的成活率相当高，相比之下的这点费用又不算什么了。若运输距离不算太远，可以考虑汽车运输；如果只有百余千米，携带的数量不太多，可以乘客车人货同行。但活蛇不宜使用托运业务，以防不测。

10 运蛇途中要注意什么？

运蛇途中必须有两人以上随车押货，这样不仅便于照看蛇类，万一路上有什么闪失，也会相互有个照应，拿出应急措施，确保种蛇安全到达目的地。

盛夏运蛇时，尽量将跑车时间放在凉爽的夜间或一早一晚。连阴天正是运蛇的大好时机，但雨天不宜运输（小雨不妨碍），以防灌死种蛇。开车前，最好将盖蛇的篷布淋上水，以保持运输途中的湿度。再者，对蛇类有伤害的物品不能与蛇同车运输，如化肥、农药、汽油、柴油、油漆、雄黄及气味较重的中药材等。

11 哪个季节运输种蛇最好？

运输种蛇的适宜季节同养蛇时间一样，除冬季不能运输（不包括商品蛇）外，其他季节均可运输。但人工养蛇引种的最佳季节是在每年的春秋两季，因那时的天气不冷不热、温度适宜，正适合种蛇的运输，并且正常的死亡率几乎为零（在严把种蛇质量关的情况下。）

12 夏季运输种蛇应注意什么？

夏季由于气温太高，种蛇不宜长途运转，有条件者可以使用保温车或保鲜车，力求快速、安全。另外，蛇袋的装蛇重量也应随之减少，这样可有效避免因高温、挤压造成的途中种蛇死亡。此外，蛇袋（尼龙网袋）外罩的那层编织袋应事先浸水湿透，这样可以达到降温、保湿的目的。若专车运输种蛇，可直接使用塑料筐码垛运输。依据前面介绍过的蛇袋尺寸，夏季装蛇维持在下列数量即可，千万不要多装，以免造成死蛇现象：眼镜蛇 7.5～9 千克/袋，滑鼠蛇（水律蛇）10～12.5 千克/袋，乌梢蛇 8～10 千克/袋，黑眉锦蛇 10～12.5 千克/袋，王锦蛇 12.5～15 千克/袋，赤链蛇 9～12.5千克/袋，水蛇 12.5～16 千克/袋。

13 种蛇入场前后应有哪些准备工作？

种蛇入场前应对蛇场、蛇窝及墙体进行彻底消毒，特别是由鸡舍、猪圈、养狗场或其他动物养殖场改造而成的蛇场，更应该多消毒几次，以防病菌潜伏下来直接危害蛇群健康。此外，蛇场内的水沟、水池应提前注入清洁干净的饮用水，有条件者还可将鲜活食物也一同放入，力求蛇一进场便能"吃上、喝上"，促其尽快适应新的环境。种蛇入场前一定要先行"药浴"，消毒后方可放入蛇场。

种蛇入场后，除固定进出的饲养人员外，其他闲杂人员一律谢绝入内。因蛇类的嗅觉系统特别敏感，对不熟悉的异味有本能的排斥。此外，尽量保持蛇场周围的环境安静，检查蛇场四周是否有天敌存在等，这些均是种蛇入场后必须做好的辅助工作。

14 种蛇入场前有哪几种"药浴"方法？

种蛇入场前的"药浴"，也可理解为给蛇洗个"澡"。因种蛇从异地远途运来，大多包装比较拥挤，这样皮肤交叉感染的现象比较严重。一旦随便放入蛇场，会增加许多致疾隐患，给日后的正常管理工作带来许多不必要的麻烦。为此，必须在种蛇入场前给它做一番洁肤处理，彻底消除由此而引起的皮肤疾患。其具体的操作方法很简单，先将种蛇整袋放入清水中冲洗几次，直至水清为止，然后选择下列其中的一个药方，兑水浸泡 3～5 分钟即可放入蛇场。现将给蛇洗浴的"药方"整理如下，供大家参考。

（1）取黄连素或四环素 4～5 片，研碎后在放入硼酸 10 克，用少许温开水化开，即可兑水给蛇洗浴。

（2）取土霉素 10 片研末，放入高锰酸钾溶液中，搅拌均匀即可使用。另外，高锰酸钾和土霉素均可单独使用。

（3）取 20 万单位的庆大霉素一支，打开封闭口，直接将药液对入事先备好的清水中便可给蛇浸泡。

（4）取新洁尔灭溶液，用原装瓶盖作量具，倒出一瓶盖药液兑入一大盆清水中，然后再放入研碎的左旋咪唑一片共同搅匀，供蛇洗浴。

（5）取土霉素 5～6 片，敌百虫 1～2 片混合研为细末，直接兑水给蛇清洗。

值得一提的是，无论给蛇类采用哪种洗浴方法，发现药水一旦变得浑浊不清时，应立即倒掉重新更换。浸泡时应不时抖动蛇袋，可有效避免蛇类误将药水当成饮用水饮入腹中，造成不适。

15 种蛇入场前要打预防针吗？

笔者认为，蛇打预防针，安全又可靠。

蛇类虽说是野生动物，自身的免疫系统比较强，它本身也没有大面积的瘟疫传播。但由于人工养蛇的饲养面积一般不是太大，有时放养密度却会严重超标，这预防工作可就是一个大关键，应加强日常管理工作。因此，给所引进的种蛇提前预防和药物防疫就显得十分重要。我们给蛇打的防疫针主要是营养和驱虫的混在一起，这样防病、驱虫、营养三不误。

16 能否给入场前的种蛇喝点"开胃汤"？

刚引进的种蛇由于在运输过程中受到一定刺激，或由于短时间内很难适应新的环境，常会出现拒食现象。长此下去，蛇体会因营养不良变得明显消瘦，重者则因饥饿过度而死亡。

对新引进的种蛇，适当喂点"开胃汤"可有效预防拒食现象的发生。具体的做法是：种蛇到场后2日内不给水、食，放僻静处另行关养，待到第三天可用复合维生素B溶液1份兑冷开水10份，给种蛇集中饮用，必要时应采用人工灌喂。种蛇喝此"开胃汤"后，必定食欲大增，此时应尽量投放适口多样的食物，供种蛇自行捕食。

17 种蛇的合理饲养密度是多少？

人工养蛇的种蛇投放密度不能一概而论。前面已经讲过，蛇类分为大、中、小三种类型的，只能具体情况具体对待。一般小型蛇每平方米可投放7～8条，中型蛇投放5～6条，大型蛇（1千克左右的）投放2～3条。实践证明，这个投放密度比较合理，不会拥挤，能够保证种蛇的正常生长和发育。

除此之外，蛇类还可以按季节合理调配饲养密度，如在较为凉爽的季节里，密度可以适当增高，但一般不宜超过50％。夏季最好不要盲目增加存养数量。

（四）蛇类养殖的饲料与管理

1 蛇类的食量是否很大？

蛇类的食量究竟有多大，目前还没有较为完整、准确的统计资料。同类蛇因体型大小不同、所处的生长期不同、身体状况不同，其摄食量均有差异。但一般认为在蛇类的活动高峰期，也就是每年的 8~10 月，其每月的进食量约达到自身的体重。一条体重约 350 克的赤链蛇，每月可吞 250~350 克重的饵料，相当于 2 个大蟾蜍。因此，在蛇类的进食旺季，应备足、备好蛇类喜食的饵料，这才是养好蛇的关键所在。部分蛇的投饵周期和投饵量见表 6，投喂其他蛇种亦可以此类推。目前，人工养蛇主要以孵化场淘汰的公雏或幼雏作为日常饲料。

表 6　部分蛇投饵周期及投饵量

蛇　名	饵料名	投饵周期（天）	投饵量（只或条）
蟒蛇	鸡、兔	7	1~2
网蟒	鸡、兔	7	1~2
巨蚺	鸡、兔	7	1~2
赤链蛇	小家鼠	7	3~5
百花锦蛇	小家鼠	7	4~5
黑眉锦蛇	小家鼠	7	4~5
王锦蛇	小家鼠	7	4~5
玉斑锦蛇	小家鼠	7	2~3
红点锦蛇	小鱼	7	若干
棕黑锦蛇	小鼠	7	3~5
水赤链锦蛇	泥鳅	7	2~3
虎斑游蛇	泥鳅	7	3~5
小头蛇	鸡蛋	7	1~2
翠青蛇	蚯蚓	7	若干
灰鼠蛇	小鼠	7	2~3
滑鼠蛇	小鼠	7	4~5
乌梢蛇	小鱼、鳅	7	若干
中国水蛇	鳅	7	若干
铅色水蛇	小鱼	7	若干
金环蛇	红点锦蛇 白条锦蛇	7	1~2

（续）

蛇　名	饵料名	投饵周期（天）	投饵量（只或条）
银环蛇	泥鳅 红点锦蛇	7	若干 1～2
眼镜蛇	小鼠	7	2～3
眼镜王蛇	灰鼠蛇	7	1～2
青环海蛇	小鱼	7	若干
蝰蛇	小鼠	7	4～5
蝮蛇	小鼠	7	2～3
尖吻蝮	小鼠	7	3～5
竹叶青	小鼠	7	2～3
烙铁头	家鼠	7	1～2

2　给蛇投的食物也打预防针吗？

　　养蛇要成功，防病很重要。既然给进场的种蛇都打预防针了，那它吃的蛙、鼠、小鸡也是照打不误。只要把住"病从口入"这个关口，保证蛇吃进去的食饵不但营养全面，并且没有寄生虫和其他疾病。其药物配比剂量可掌握在给蛇的 1/5 或 1/4 即可。

3　蛇的饲料动物具体注射哪个部位？

　　我们提倡所有进场食物除必要的消毒外，还需再注射一些防病、驱虫的药物。给这些鲜活小动物打针很有讲究，最好使用可调连续注射器（兽药店有售）。因普通注射器，小剂量的给药不好调，有时会"打死"它们。若所养的蛇不吃死食的话，那可就浪费了。通过实践操作我们发现，小鸡打针的部位应在鸡脖上面行皮下注射；蟾蜍打在肌肉丰满的大腿内侧位置；老鼠打在大腿外侧或臀部；饲料蛇打在脊背处的心脏以下部位即可。如果养殖的数量较少，在不值得买可调连续注射器的情况下，一定得严格掌握给药剂量，千万别随意给药。

4 投喂的老鼠还需经过处理吗？

老鼠是蛇类喜食的饵料之一。以鼠喂蛇不仅可以保护农业，减少鼠类对家庭的破坏，更是满足了蛇类的生长所需。但捉到或收购到的老鼠在经药物防疫后，千万不能随便丢到蛇场里去，应用手钳拔掉它的两颗大门牙，用剪刀剪掉它的两只前爪（但不是前腿）。这样，一来可避免大老鼠自持体大力凶，吞食或咬伤体质瘦弱或幼小的蛇；二来可防止老鼠用锋利的前爪打洞外逃，从而引发蛇群沿鼠洞集体外逃的现象发生。别看一个小小的老鼠洞，有时它带来的灾难让人始料不及，悔之晚矣。

另外，因为老鼠本身携带有多种病原体和寄生虫，其潜伏期比较长，若被一些体质瘦弱的蛇吞食，加之它本身的免疫能力就很弱，病菌一旦寄生在瘦弱蛇的体内，其后果不堪设想。特别是由投喂老鼠引发的蛇体内寄生虫若蔓延开来，在防治上更是令人担忧。鉴于上述这些情况，最稳妥的解决办法就是将抗生素和驱虫药在投喂前先给老鼠注射进去，这样我们就可以放心大胆地投喂给蛇吃了。

5 投喂小杂鱼该怎样处理？

在喂蛇食物出现青黄不接的情况下，可以给蛇类适当投喂一些价格低廉的淡水小杂鱼，以弥补食物上的短缺，避免让其饿肚子。投喂的小杂鱼可以是活的，也可以是死的。下面就投喂死的小杂鱼做一介绍：小杂鱼最好是当天捕获、比较新鲜的，变质变味的不能投放。在投喂前，应用清水先将小杂鱼清洗干净，控干水分。投喂时，最好将小杂鱼放在地板砖上或编织袋上，切忌将小杂鱼直接倒在地面上；投喂时间宜在傍晚，要养成定点定时投放的好习惯，便于蛇出窝后找寻到食物。具体的投喂量可以蛇当日的吃食量为度。

另外，在食物比较单一或蛇类的捕食高峰期，适当添喂一部分小杂鱼，对蛇类生长还是十分有利的。

6 投喂蛋类该怎样处理？

一般来说，各种蛋类的外壳上都不同程度地带有病菌，只是我们的肉眼看不到。如果在投喂前不进行彻底消毒，不但影响蛇类的正常食欲，而且还会将多种病菌传染给那些体质较弱的蛇。因此，蛋类在投喂前必须进行严格的消毒。

蛋类消毒时，可用5％的新洁尔灭原液，加50倍的水配制成0.1％的溶液，用喷雾器喷洒其外壳后即可投喂。还可用漂白粉溶液消毒，将蛋类浸入含有1.5％活性氯的漂白粉溶液中3～4分钟捞出。值得注意的是，此种消毒方法必须在通风处进行。碘液消毒法也很方便可行，将蛋类置于0.1％的碘溶液中浸泡2～3分钟捞出即可给蛇投喂。

7 何时给蛇喂食好？

鉴于人工养蛇的环境和季节，除白天进食的蛇类外（如乌梢蛇等），其余均在太阳落山前或傍晚投喂比较好。因蛇类的活动和觅食取决于外界气温的高低，白天气温高时少见蛇类出窝活动。养殖状况下，一般多见蛇于凉爽的晚间出来活动和觅食，于翌日清晨爬回窝穴内。傍晚喂蛇还有另外两大优点：①集中投喂死食。因气温不算太高，假如有剩余的话，还可以拣出来放冰柜贮存待下次再喂，不会浪费食物。②死食也是经药物注射后投放的，由于投放的时间比较短、食饵新鲜适口，再加上夜间气候适宜，食饵内的药物成分早被蛇连同食饵一块吞进肚去，这样不会因投放时间过长而降低药效，从而达到给蛇防病、治病的目的。此外，还应根据当天的温度来掌握是否投食。若外界气温低于15℃，暂时不要投食；待气温回升到20～29℃时可投喂；高于30℃以上时，蛇类基本上不吃食。

8 投喂死的蛇食最好投放在什么地方？

根据养蛇经验，大部分蛇有顺墙根爬行的习惯，特别是蛇场围墙的拐角处更是它们长时间逗留的地方。此外，蛇窝附近、水池或水沟边，均是蛇经常出没的地方。由此可见，蛇经常出没、逗留的墙角处是最佳的投食位置。若两处墙体之间距离太远，不妨中间再设置1～2个投喂点；蛇窝或近水边也零星设置几个投喂点。这样，久而久之，蛇便会本能地爬到各投喂点去吃食了。

无论在蛇场的哪个位置设立投喂点，食物均不能随便放于地面上。为了卫生起见，可将食物放在干净的地板砖、大茶盘、塑料薄膜或编织袋上，这样不仅方便卫生，而且更便于日常清理。

9 瘦弱蛇增重有何良方？

在人工养蛇的过程中，无论养殖技术多么精湛过硬，难免也有少部分吃不上食的瘦弱蛇。遇到这种情况，可对瘦弱蛇适时进行人工催肥，也就是人工填喂。常用的饲料配方有两种：①直接灌喂生鸡蛋；②填喂肉泥（把瘦猪肉或牛肉剁成烂泥状）。在灌喂鸡蛋时，可酌量加入各种对蛇有益的维生素、鱼肝油丸、钙片、复合维生素B片等。若蛋液较稀时，再加入少量鱼粉或面粉以利增稠。另外，还可灌喂营养丰富的其他流质饲料，如牛奶、葡萄糖等。一般每5～7天灌喂一次，约一个月后即有明显起色。填食后的蛇类有大量饮水的习性，此时可在水中加入少量土霉素和食母生，以利于蛇类的生长和消化；还可单独加适量的抗生素，如庆大霉素等，以减少蛇病的发生。

以上的填喂方法不宜大面积推广。一来费时费力，浪费人工；二来不能长期采用，以防蛇变得更加懒惰，养成依赖性，丧失应有的捕食能力。此外，人工填喂的频率还要根据蛇体大小和季节而定。500克左右的蛇，只需填食150～250克。温度一旦超过35℃，应停止填喂，否则蛇也会呕吐出来。

10 病蛇需隔离吗？

一旦发现病蛇，应及时拿出来单独喂养和隔离治疗，以防感染其他的健康蛇群。特别是由肺炎和口腔炎引发的蛇类疾病，更应从快、从早隔离治疗，并将病蛇的栖息处作重点消毒处理。若发现天天都有几条病蛇，除将症状严重或活动反常的蛇及早取出隔离外，更应作一次全场彻底消毒，把场内所有蛇类全部集中起来进行药物防疫，以防病情进一步扩散和蔓延。对已死病蛇，不要随便丢弃在场内或蛇场周围，应远离蛇场后挖坑深埋。

11 蛇场常用的消毒剂有哪些？

"蛇场常消毒，人勤蛇不病"。对养蛇场（户）来讲，"防患于未然"是个永恒的法宝。特别是人工养殖状况下的家养家繁，常规的药物消毒必须跟上，否则不起眼的小事也会酿成大事。现在面市的消毒药物可谓名目繁多，但那些有刺激性、异味、腐蚀性的消毒剂养蛇场（户）可不能盲目乱用，如烧碱、来苏儿、84消毒剂、福尔马林（甲醛）等。蛇场常用的消毒剂应以广谱杀菌、低毒高效、祛除异味、可饮服的为好，如新洁尔灭、硼酸、百毒杀、高锰酸钾、威岛消毒剂和菌毒消毒剂（必须用热水稀释）。这些消毒剂不仅无异味、无刺激、无毒副作用，而且价格低廉，很适合养蛇场（户）交替使用。具体的使用方法和剂量可参照产品说明书，在此不一一详述。

12 蛇场消毒药（剂）要经常换吗？

在多年的养蛇实践中，笔者深深地体会到，蛇场消毒少不了用消毒药，但不能长期单一使用同一品种的消毒药（剂）。这样容易引起病原体和细菌的抗药性，使消毒效果明显降低，起不到应有的消毒杀菌作用。科学的使用方法应该是：多选几种常用的消毒药（剂），在蛇场常规消毒时，最好交替轮换使用，这样就不会产生抗药性了。

13 蛇场消毒液可以自制吗？

在使用品牌消毒剂的同时，还可以穿插使用就地取材、自己配制的消毒液，其消毒效果也很理想。现介绍如下：

（1）草木灰消毒液 取农家草木灰，自己配制成30％的水溶液，可用于蛇场和蛇窝的常规消毒。对杀死多种病毒和细菌有较强的效果。若将此溶液加热到70℃时，杀菌的效果还会更好。

（2）生石灰消毒液　取上等的生石灰块，配制成10％～20％的澄清溶液，可杀死多种传染病的病原体，常用于蛇场内的场地消毒和墙体消毒。蛇场内活食饵存量较多、密度较大时，不宜使用此溶液。使用时最好现场配制，久贮后不宜使用。

14 种蛇入场前后的消毒方法都一样吗？

以上所介绍的消毒方法和消毒剂，是养蛇过程中经常使用的。因对蛇体无伤害、无刺激、无腐蚀性，均可带蛇消毒，并且大多采用喷雾、浸泡和饮服的方式。但笔者认为，若在种蛇入场前使用熏蒸法消毒或混合泼洒法消毒，则会起到事半功倍的效果。现整理如下，供参考。

（1）熏蒸消毒法　取高锰酸钾1份、甲醛2份、瓷制容器数个备用。由于此消毒药有较强的异味和刺激性，操作时人员须戴口罩，以免被呛中毒。先将备好的甲醛倒入瓷器内（忌用金属制品），然后将高锰酸钾快速倒入并马上弯腰撤离，因气体升腾的速度较快，操作人员必须手脚利落、动作敏捷。一般一个面积为300～400米²的立体养蛇场须放置三处熏蒸点，即多层立体式地下蛇房一处，其余二处分别放置在蛇场的南北或东西方向即可。此种消毒法在消毒过程中，其场内的蒸汽浓度、温度、湿度越高，消毒效果就越好；有条件者可采用支架盖膜、密封消毒，其效果比露天消毒更彻底。

（2）混合泼洒消毒法　取1％～2％的烧碱溶液与15％～20％的生石灰溶液混合搅匀后，直接泼洒消毒，其消毒效果好于上述单独使用的喷雾消毒法。此混合消毒液具有强烈的腐蚀性，故消毒后的用具应再用清水冲洗干净。该消毒液对金属的腐蚀性亦强，切忌用此盛装。

15 蛇场有哪些管理重点？

要使所养殖的蛇类生长快、繁殖多、成活率高，就不能对蛇场的管理和蛇病预防过于马虎大意。只有提前搞好蛇类的各项管理工作，才能杜绝蛇病的发生和蔓延。综合起来应注意下列几个方面：

（1）蛇场内应保持清洁和卫生　蛇场和蛇窝必须每天检查（冬季除外），发现死蛇或被蛇类咬死但未吞食的死食应及时拣出，以免气温过高引起腐烂变质，造成环境污染。蛇池或蛇沟的饮用水要适时更换。清池时，要刷掉附着在池沿或沟沿上的青苔，确保水源的干净和新鲜。此外，对场内植被要定时修剪，使其既能起到遮阳的作用，又能绿化、美化环境。

（2）蛇场周围的墙壁、墙基和排水口（孔）要经常查看　发现有鼠洞、裂缝应及时修补。靠近蛇场围墙的树木要适时修剪，严防蛇类顺树木攀爬外逃。

（3）若饲养的是毒蛇，应注意人身安全　进入蛇场前不许饮酒，更不许酒后徒手直接捉拿毒蛇。入场的工作人员要穿高腰靴，穿好防护衣帽，一般应有两人同行，好相互照应，以防被毒蛇咬伤。抓蛇时，应该使用铁钳和专用蛇钩等捕蛇工具，抓取时动作一定要轻柔、迅速，千万不要慢慢腾腾。夜间巡视蛇场时，照明设备应远离身边或使用弯头手电筒，同时注意脚下或草丛。如没有特殊情况，夜间最好不要直接进入蛇场，在墙头上观看即可。

（4）蛇场的饲喂人员必须热爱养蛇工作　有爱护动物的意识和良好观念，才能树立与蛇为"友"、以蛇为"乐"的积极心态，是人为减少蛇伤的主要可靠保证。人工养蛇虽不需饲喂人员付出较多的体力劳动，但受其活动规律的影响和明显的季节规律，又需饲喂人员付出持久的耐心。

（5）饲喂人员应力求把养殖经验与科研工作结合起来　使之既有经济效益，又有科学成果，真正做到"理论与实践"相结合。无论饲养哪一种蛇，都应详尽记好养蛇日记，如蛇在场内或窝内的栖居情况、四季温湿度、交配状况、孕育产卵（仔）的日期、蜕皮次数、捕食习性、摄食规律、仔幼蛇生长、冬眠过程、病害防治等一系列工作，为日后规模养蛇，逐步提高蛇的成活率或饲养中蛇的保值存养打下坚实基础。

（6）对病蛇、受伤蛇、瘦弱蛇要及时隔离治疗　避免病情进一步扩散蔓延，尽可能减少传染给其他健康蛇的机会。同时，应努力养成定期消毒的好习惯，"人勤蛇不病"适用于每个养蛇场（户）。

16 秋季如何给蛇类进行催肥？

秋季是蛇类大量进食的季节，可以说是蛇类全年进食的高峰期。因此，人工养蛇在秋季的催肥工作就显得十分重要，也是蛇类管理的"非常时期"，需做好如下工作，才能达到催肥的目的。

（1）全面清理蛇场　秋季为了投食方便或蛇类更好地接受太阳光照晒，便于食物的吸收和消化，必须局部地把夏季给蛇遮阳纳凉的杂草割去或有选择性地拔掉。用镰刀割时，应远离地面 30 厘米左右，避免锋利的草棵茬口刺伤蛇的皮肤。若蛇场内的植被不是太高、太稠密，可维持现状。

（2）投饲要充足　秋季蛇类进食比较频繁，应每隔 5～7 天按时投喂一次，投饲量应为蛇类数量的 2 倍以上，这样才能确保场内的大小蛇类均能吃到充足食物。投喂食物的品种尽可能多样化，投喂时间可改在上午 9：00 以后，投放地点宜选在背阴处。放好食物后，投饲人员应尽快退出，以免过分惊扰而影响其进食。另外，在 9：30～18：30，尽量不要进场惊动蛇，确保蛇场清静。在这样的环境里，蛇就能吃好、吃饱，以此贮积肥厚的脂肪来度过漫长的冬天。

（3）驱虫正当时　蛇类的美食，如蟾蜍、老鼠等的身体上均带有或多或少的寄生虫或虫卵，蛇一旦吞食后便会寄生在腹内，蛇就会出现多食少长，甚至明显消瘦的状况。为此，入秋前一定要用肠虫清、精制敌百虫和硫苯咪唑等药物给蛇类驱虫。驱虫药物可直接饲喂，也可在喂食时间接给药。药物用量要严格按蛇的体重计算好后再配给，慎防用药过量而影响蛇类进食。

17 冬季大棚可以养蛇吗？

因为蛇类是比较敏感的变温动物，对气温的变化有很强的感知力。所以，每年的 11 月后，由于气温逐渐下降，蛇类便陆续爬入冬眠场所，开始冬眠，时间长达 3～6 个月之久。有加温条件的养蛇场（户）为了提高经济效益，在有充足蛇食作保证的情况下，也可以让其不冬眠，即冬季大棚恒温养蛇，简称恒温养蛇。

利用冬暖大棚恒温养蛇，必须将温度始终控制在 27～29℃，环境湿度控制在 65%～85%。大棚最好建成半地上、半地下式的，棚内安装暖气，煤炉应与暖气片隔离，因蛇类较怕烟熏。因此，需将煤炉放置在挂靠大棚的另一间房子里（也就是值班室）。这样便于值班人员夜间添煤看炉，保证下半夜蛇类所需的温度。冬季大棚养蛇成功的关键并不是在于技术，将棚内的温、湿度长久地协调好，为冬养蛇类营造出一处适宜生长和蜕皮的整体环境来，才是冬季大棚养蛇的关键。其他的日常管理，如投食、供水、清理蛇棚卫生、防病治病和消毒防疫可同一般养蛇法。

俗语有"过冬容易过春难，蛇类有道春亡关"。常温养殖下的蛇类有个复苏期，但大棚恒温养蛇就省事了，不但有明显的增重，并且能有效减少明春因蜕皮不利造成的死蛇现象。

值得一提的是，在冬暖大棚恒温养蛇过程中，如遇食物出现严重短缺或温度无法继续维持正常时，应果断地结束此季的养殖，让蛇"顺其自然"冬眠，以免造成不良后果。

18 蛇类冬眠前还需要分等级吗？

根据我们的养蛇实践发现，养蛇如同人的十个手指头一样是很难一般齐整的，特别是存养蛇量达到万条的养蛇场，必须在蛇类冬眠前细心地给蛇分个一、二、三级和等外级。即一级蛇一定是最好的，可以放心地让其冬眠，留作翌年春天继续饲养繁殖的对象；二级蛇可以作为上等的商品蛇，能留至清明之前赶全年最好的蛇价；三级蛇可留作年前出售，价格亦也很理想；挑出的等外蛇必须在短时间内尽快出手，这样的蛇若放置时间过久，会明显的消瘦，还不如马上处理掉合算。

冬眠前蛇类的分级虽不如挑选种蛇那样严格，但也不能掉以轻心。如把关不严格的话，蛇类冬眠结束后有较高的死亡率也就很正常了。因此，必须把好蛇类分级这一关，确保翌年春天蛇群的整体质量。

19 冬眠中，蛇还需要食物和水吗？

蛇类在适宜的温、湿条件下冬眠，整个冬季是不吃不喝的，全靠体内贮存的脂肪来维持身体的最低消耗。即便是一个冬季未进水、食，蛇类出蛰后也并不急于进食和饮水，而是集中精力寻偶交配，直至5～6月才开始少量进食。

20 蛇类冬眠有何特征？

由于南北气候的明显不同，蛇进入冬眠的时间也不尽相同，加之性别与年龄不同，其进入冬眠的早晚亦有一定差异。据观测，同一个种类的蛇，成年蛇较幼年蛇先冬眠；雌蛇较雄蛇先冬眠；健康蛇较瘦弱蛇先冬眠；瘦弱蛇又比病蛇先冬眠。鉴于蛇类有这种明显的冬眠特征，可将那些始终不进冬眠场所的病蛇统一搜集出场，尽快予以处理。

进入冬眠场所的蛇还有这样的特征，有独自冬眠的，也有雌雄同居的，还有几条或数十条群居的。肉蛇混养时发现也有不同种类的蛇在一块混居的。不管是多条群居还是多种混居，都有利于维持蛇体温度、增加抗寒能力和安全感，对提高冬眠的成活率与来年的繁殖均大有益处。

21 蛇类冬眠的合理密度应是多少？

在野生条件下，挖沟或挖地基有时会发现一个仅几立方米的地方可以容纳数百条蛇，有的甚至大小上千条蛇冬眠在一起，并且还发现多种蛇和蛙类都混在一起栖居。人工养蛇虽不能完全模仿这样，但根据具体的窝舍大小，按每立方米空间酌量减少还是十分可取的。养殖中大致的冬眠密度主要依据蛇类活动的密度而定。可以酌增数倍，一般以不出现严重层叠和挤压为宜，使用"多层立体式地下蛇房"者则无此弊病。仔蛇或幼蛇由于个头小、体积轻、耐受能力较成蛇强，冬眠密度可以适宜增加，但不能超过成蛇的 1 倍。

22 蛇类怎样才能安全越冬？

蛇类是较为低等的变温动物，当环境温度低于 13℃时即进入休眠状态。野生蛇类因冬季严寒、保温条件差，加之天敌的危害，越冬的死亡率竟能达到 2/3。由此可见，人工养蛇的越冬管理工作十分重要，直接关系到养蛇成败。因此，蛇类的越冬应着重注意以下几个方面：

（1）入秋后应投充足多样化的食物，为冬眠蛇的增膘打下基础。此间除让蛇吃饱、吃好，蓄积脂肪外，还应做好驱虫工作。如饲养的是毒蛇，应不采毒或只采少量的毒（非采不可的情况下），尽量减少由晚秋采毒造成的冬眠死亡。

（2）养蛇场（户）可瞅准蛇类集中出窝活动的高峰期，多派几个人进场，突击清除蛇窝内的粪便，重新更换新鲜的干土（沙），并集中给予消毒防疫，确保蛇类安全越冬。

（3）蛇窝顶层覆土厚度应在冻土层以下，可提前向气象部门咨询。封顶的土层若达不到越冬厚度，应尽快往土加高加厚，以利于蛇类进入最佳冬眠状态。如果发现窝内气温还不算太理想时，还可加盖一层塑料薄膜、篷布、草帘、玉米秸等保温物品，蛇类过冬才会安然无恙。

（4）蛇类越冬窝舍的环境湿度宜保持在 45%～50%。达不到的情况下，可放置几盆清水，以利于水分蒸发，达到调节湿度的目的。

（5）采取上述综合措施后，蛇窝内的温度便能达到 4～6℃，蛇类均能安全越冬。但蛇窝内的温度不宜超过 8℃。窝内的温度更不能忽高忽低，否则会使整个蛇窝中的蛇类时而苏醒，时而冬眠，如此反复多次，会使蛇体的内分泌系统和机能代谢明显紊乱而导致大量死亡。

（6）清明节前后，虽然气温正慢慢回升，但春天风大，气温变化无常，而此季恰恰是蛇类复苏出蛰的时候，也是容易死蛇的关键阶段，应特别注意防风、防寒、防冻和保温。由于春季的昼夜温差较大，管理上切忌麻痹大意，力争把好蛇类冬眠的最后一关，为蛇类整齐出蛰打好基础。

23 冬季蛇场怎样灭鼠？

养蛇者大都知道"蛇吃鼠半年，鼠吃蛇半年"的含义。为有效防治冬季蛇场鼠害，彻底防止鼠类进入蛇窝捕食冬眠中的蛇，减少经济损失，可用下列方法进行灭鼠。

（1）将玉米、黄豆或花生炒香后研成粉末，与 2 份 425♯ 的水泥混合后拌好，放在鼠类经常出没的地方，老鼠闻到饵料的香味后便会争相抢食。由于老鼠吞食后口渴难忍，急找水喝，致使水与饵料中的水泥在鼠腹中凝固，会迅速造成鼠肠结块，痛苦万状的鼠便找寻同类格斗，彼此相互残杀而大量死亡。如能在此饵料中加入少量的动物油渣，制成颗粒状的饵料投放，效果会更好。

（2）用新鲜的石灰粉将鼠洞完全堵住，老鼠一旦出洞寻食和栖息，必须从石灰粉中通过，石灰粉会自然而然地"蹭进"老鼠的眼睛、口腔、鼻腔中。由于石灰粉所特有的刺激作用，能使老鼠窒息而亡，轻者也会因失明而昏昏沉沉地乱跑乱撞。

（3）取石膏粉、面粉各 100 克炒香，放在鼠类经常活动的地方。老鼠吃后必定口干喝水，一旦饮水入肚便会胀死。

（4）把柴油、机油搅匀，涂抹在鼠洞四周，老鼠出入时油黏在鼠毛上，老鼠便本能地用舌舔毛，慢慢地油就随着消化液进入肠胃，使其受腐蚀而很快中毒死去。

四、蛇卵孵化与幼蛇饲养

（一）蛇卵的孵化

1 *如何提高雌蛇的产卵（仔）率？*

维生素 E 是动物发育、繁殖的必需物质。蛇类如果缺乏维生素 E，除了会引起脑软化、反应迟钝、肌肉萎缩，影响正常的生长发育外，还会影响受精率和出壳率，从而造成产卵（仔）率下降。因此，对缺乏维生素 E 的蛇类，适量注射维生素 E 是很有必要的。在孕蛇即将产卵（仔）的15～20天内，为每条孕蛇每日注射维生素 E 10 毫克，连续 3 天后停药，即可收到满意效果。在治疗上如有必要，可在 7～10 天内再重复注射，如能多分几个部位依次注射，效果还会更好。

2 *如何收集蛇卵？*

在蛇类的产卵期，应每天固定专人、定时到蛇园去收集蛇卵。在这个时期应避免陌生人进去，以免影响雌蛇产卵。蛇卵产下时是一个一个的，但等到专人拣卵时已经是黏在一起的卵块了，也有个别单独的卵，都应及时收集起来。若发现蛇卵产在水沟或水池里（只是极少数），拣出时不能和其他的卵一块混放，因其被水浸透了，必须用干燥的毛巾将其擦干，待完全干爽时再放在一起孵化。拣卵时，如果发现个别发育不好、畸形、干瘪、有异味、颜色不纯的卵，都应弃之不要。只有把好入孵蛇卵的质量关，才会有较高的孵化出壳率和日后的成活率。

3 **蛇卵是什么形状的？每枚卵有多重？**

蛇卵大多为椭圆形，但也有的较长，有的较短。大多数蛇卵为白色或乳白色，没有其他杂色。蛇卵的壳比较厚，质地坚硬，极富于弹性，不易破碎。刚刚产下的卵，因其表面有黏液，常常几个卵粘连在一起，形成卵块。总之，蛇卵的形状大致上是一样的，但大小却千差万别。

蛇卵的大小（重量）跟蛇体大小有关。银环蛇个头较小，其卵只有约20克/枚；乌梢蛇属中大型蛇类，其卵有约30克/枚；王锦蛇卵约40克/枚，大者超过50克/枚；蟒蛇体大，其卵也大，从外观上看大于鹅蛋，每枚卵重量超100克，相当于一条雌性银环蛇和红点锦蛇的总产卵（仔）量。

4 **怎样人工孵化蛇卵？**

人工孵化蛇卵大多采用陶缸，即缸孵法。缸的大小不拘，主要根据蛇卵的具体数量而定。缸底先铺一层厚30~40厘米的新鲜无菌土当垫床，并用砖压实，以免幼蛇出壳后往土里钻。土不宜太干或太湿，以用手捏之成团，撒之即散为度。排放蛇卵切忌竖立，应将卵横卧放于缸内的土层上，因蛇卵壳质地坚硬、不易破碎，可将卵一直排卧至缸口10~15厘米的位置。然后用结实的尼龙纱网罩住缸口。这样不仅透气，有利于卵的孵化，而且还能防止老鼠入缸偷食蛇卵。为了让卵四周的温度和湿度较为均衡，最好7~10天翻一次卵，阴雨天可4~5天翻一次，即把缸底的卵翻到上面，再把上面的卵翻到缸底。同时检查有无未受精卵和死胎卵，一旦发现应立即取出扔掉。经过38~55天，绝大多数仔蛇便在寂静的夜间出壳了。孵化缸剖面见图3。

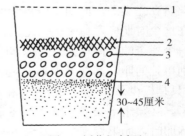

图3　孵化缸剖面
1. 尼龙纱罩　2. 苔藓（蛇卵覆盖物）
3. 蛇卵　4. 细沙（蛇卵垫床）

不过，由于陶缸笨重，目前养蛇人多用泡沫箱孵化蛇卵；底层的垫床也使用更轻便、透气性较好的蛭石（网上有售），于蛇卵孵化更加有利。

5 孵卵过程中该注重哪些工作？

（1）掌握温度　孵卵的温度一般应掌握在 20～30℃。为测试方便，可在缸沿上吊挂一支温度计。若雨天缸内温度偏低时，可悬置一热水袋于缸中，切忌碰到蛇卵。

（2）调节湿度　孵卵的相对湿度宜掌握在 50％～90％，在缸内应置湿度表。因湿度一旦长时间偏高，蛇卵易感染霉菌，直接影响周围卵的孵化质量，必须立即翻缸拣出变质卵，并悬挂热水袋，尽快促使缸内潮气散发，有利于蛇卵顺利孵出。

（3）处理霉卵　一旦发现卵壳上有霉斑，可用绒布轻轻拭去。在出现霉斑的地方用毛笔蘸少许灰黄霉素涂抹，待完全晾干后放回原处。切忌使用抗生素软膏涂抹，否则会堵住卵壳上的气孔，致使胚胎窒息，成为死胎。

（4）防止天敌　鼠类、家犬、黄鼠狼、蚂蚁等动物均会入内偷食蛇卵，故应在缸口加盖或用纱网防护。

（5）选择孵卵物　为了调节和保持蛇卵在入孵期的适宜湿度，以提高蛇卵的孵化出壳率，应选择新鲜、洁净的青草或苔藓植被盖住蛇卵，一般 2～4 天更换一次。有人习惯用湿稻草、湿棉絮覆盖蛇卵，但往往达不到理想要求，稍有不慎就会导致蛇卵霉败变质，影响正常的孵化。但如果将毛巾或毛巾被（枕巾也可）充分浸水控干后，剪开数个利于透气的小孔还是可以利用的，并且保湿效果也很理想。

（6）适时验卵　在孵卵过程中，当未受精卵或死胎卵放置时间过久，就会因变质而胀气破裂，从而污染其他的受精卵。为避免这一现象发生，可采取适时验卵的措施，以确保受精卵正常孵化。验卵时，可以直接用强光手电筒(检测玉石的那种)验出蛇卵是否受精。若对个别蛇卵一时难定取舍，可另放一侧，待过段时间再重新检验。

6 孵卵时能人为地改变蛇的雌雄吗?

在人工孵化蛇卵的过程中,根据实践发现,蛇卵由于孵化温度的不同,会直接影响幼蛇出壳后的雌雄比例。因此,人工孵卵完全可以人为地改变幼蛇的性别。若想增加雌蛇的比例,只需将孵化温度控制在 20～24℃,相对湿度在 90％左右,孵出的全是雌蛇。将孵化温度调节在高于 27℃,湿度低于 70％时,孵出的大部分是雄蛇。如果将温度控制在 24～27℃,环境相对湿度控制在 50％～70％,蛇卵经过 45～50 天就会孵出幼蛇;在这种温、湿度条件下孵出的幼蛇,雌、雄蛇的比例各占一半。但是,温度若长时间高于 27℃,湿度低于 40％时,蛇卵多会干瘪,根本孵不出幼蛇来。

7 仔蛇出壳前后有何特征?

蛇卵胚胎经过完整的孵化期,在卵壳内形成仔蛇。仔蛇将要出壳时,可见孵化处的沙土面上有潮湿处并相继出现泡沫(卵壳破裂,卵内液体外流所致)。仔蛇临近出壳时以吻端的卵齿,将卵壳划约 1 厘米长的破口,有的还可划多个破口。其后便见仔蛇露出蛇头,一有惊动便缩回壳内,如此反复多次,待慢慢适应后,方才将头继续外伸,呈连续摆动状,随即全身爬出壳外。据不完全统计,仔蛇经过 20～24 小时才完全出壳。刚出壳的幼蛇体形与成蛇一样,可迅速爬行,活动敏捷,用手触之当即冲击扑咬。初出壳的幼蛇,在其腹部下有一长约 5 厘米的脐带,脐带在爬行时会自行蹭掉,亦有在脱壳时挣断脐带的。脐带脱落后,脐孔自行封闭,脐孔位于肛门前 29～32 片腹鳞处。初出壳的仔蛇通常全身附着黏液,尤以体后段为多,常见其全身粘有沙粒。过 10～20 分钟后黏液会自然干燥,沙粒随之脱落,仔蛇则显得全身光滑,但活动明显减弱,少有扑咬行为,常呈蜷曲状态,与成蛇没什么两样。

另外,仔蛇出壳还有一明显特征,那就是仔蛇大多夜间出壳,这与夜间相对安静有关。

8 **不同种类的蛇卵能混在一起孵化吗？**

不同种类的蛇，其蛇卵的孵化时间明显不同。即使是同一种类的蛇，由于生活环境或体质的差异，其产卵时间亦有先有后。人工孵化蛇卵，大多将同一种类的蛇卵置于同一个孵化缸或器皿内，便于掌握孵化温度和湿度，有利于蛇卵孵出。但是，如果将不同孵化期的蛇卵混在一起孵化，孵化技术和入孵条件均难以控制。因此，此法不宜采用。

9 **孵卵场所能饲养幼蛇吗？**

若采取室内作为孵卵场所的话，可以清除杂物后作为继续饲养幼蛇的场所。因大部分仔蛇出壳时正值秋季，昼夜温差已明显拉大，特别是北方的寒冷地区显然已不适合幼蛇的生长。室内环境在此季节明显好于露天场所。所以，仔蛇出壳后可以将卵壳、孵化土、孵化缸一起移出室外，地面重新铺上消好毒的新鲜土，按照室内养蛇的方法继续饲养。

（二）幼蛇的饲养

1 **人工饲养幼蛇会比野生的成活率高吗？**

人工饲养的幼蛇，比起野生环境下自然繁衍的蛇类，成活率有明显的提高。据有关资料报道，人工养殖乌梢蛇，成活率可以接近100％。可是，在野生环境中仅有30％的存活率。这是由于蛇没有养育幼蛇的习性；幼蛇死亡率较高。

2 **幼蛇有哪几种饲养方式？养殖中该注意什么？**

尽管幼蛇的饲养方法很多，但目前国内人工饲养的幼蛇大多采用箱养、池养和室内放养等方法。

饲养者不必一味地仿照别人的方法，而应根据所养种类、数量去安排相应的养殖场地（容器）；并随着幼蛇的不断生长、发育，适时酌减其饲养密度。切忌同成蛇一起饲养，以免幼蛇被吞食，成为成蛇的腹中美餐。待到来年春暖花开之季，将幼蛇放入小蛇场内单独饲养。饲养一段时间后，可把体较长且比较健壮的幼蛇，放入大蛇场同其他蛇类一块饲养。若饲养的是毒蛇，必须单品种养殖，不能与其他毒蛇一起混合养殖。

3 幼蛇的合理饲养密度是多少？

刚出生的幼蛇由于个体较小，活动能力差，其饲养密度可以适当大一些，但以不超过成蛇1倍为度。饲养场（户）要根据所养品种来掌握密度，一般幼蛇体的总面积约占养殖面积的1/3即可，以保证幼蛇有活动和捕食的场所为标准。待饲养15～20天后，应拣出幼蛇总数量的1/5；30～40天后，再拣出约1/5；若打破冬眠期继续养殖的话，到10月初应减至一半的数量；如果顺其自然让幼蛇进入冬眠，则无须再拣了，因群居冬眠可以增加幼蛇的抗寒能力和来年出蛰时的成活率。

4 幼蛇出生后几天可蜕第一次皮？

幼蛇出生后，一般在5～10天内就进行第一次蜕皮；有的出生后不久即开始蜕皮；有少数个别的要15天后才蜕皮；最晚者可延至21天，这样的蛇多属早产蛇，大多成活率不高，为减少养殖麻烦，不如及早淘汰。

5 幼蛇蜕皮前后该怎样管理？

幼蛇在蜕皮时大多不食不动，极易遭受敌害侵扰。刚刚蜕完皮的幼蛇，滑嫩的皮肤易感染病菌，必须精心护理。此外，幼蛇蜕皮与湿度的关系密切。因此，在幼蛇蜕皮期间，饲养环境的湿度宜保持在50%～70%。对于那些入水湿润后仍不能顺利蜕皮的幼蛇，不妨人工帮它。考虑到幼蛇蜕皮后有立即饮水的习性，在其蜕皮期间必须供应充足、清洁的饮用水，但不需另行投饲，以免惊扰幼蛇蜕皮，造成饲料上的浪费。同时应减少对幼蛇的观察次数，确保幼蛇在相对安静的环境中顺利蜕皮。

6 怎样喂好幼蛇的"开口食"？

在大多数情况下，幼蛇几乎一出生就立即开始饮水，但不主动觅食。但同成蛇相比，其主动进食的能力还较差，最好人工诱其集体采食。人工诱导幼蛇采食的具体方法是：在幼蛇的活动场地内，一次性投放数量为幼蛇数量2～3倍的活体小动物，引诱其积极主动地捕食。这段时间应确保每条幼蛇都能自行捕到食物，是培养幼蛇"开口食"最有利的时期。隔天应检查是否所有的幼蛇都有进食迹象（可查看幼蛇腹部，以局部膨胀为准）。对于少数体瘦体弱、不能主动进食的幼蛇，应拿出来单独喂养。必要时可利用洗耳球或钝头注射器等工具，对幼蛇进行人工填喂。待饲喂一段时间后，将生长发育恢复正常的幼蛇重新放归蛇场，同其他健康幼蛇一块饲养；对个别久喂不见起色的幼蛇，可根据具体情况，或耐心护理，或直接淘汰。

7 幼蛇有人工配合饲料吗？

牛奶、鸡蛋、鹌鹑蛋、绞碎的鸟肉、鼠肉或鱼，均可作为幼蛇的人工配合饲料。但幼蛇有时对这些饲料根本不感兴趣，这就需要养蛇场（户）在必要时对其实施强制性的人工灌喂。在灌喂时我们发现，幼蛇对灌喂生鸡蛋液排斥较少，与灌喂其他的饲料相比，具有操作简单、成本低廉的特点。若长期灌喂时，可在生鸡蛋液中加入适当的鱼肝油、抗生素或利于幼蛇生长所需的各种维生素，以此来增强幼蛇的抗病能力。

鉴于幼蛇较成蛇代谢快、食欲强，可5～7天灌喂一次。当环境温度降到20℃以下时，应停止灌喂。不然的话，会引起幼蛇呕吐不止，或因消化不良导致胀肚而死。

8 幼蛇喂至入冬前能长多少才能安全越冬？

幼蛇虽然有耐饥能力强的特点，但必须每7～10天投饲一次。

在人工饲养幼蛇的过程中，投饲主要根据所养幼蛇的种类、年龄、性别和体形大小来灵活掌握。如果按照正常的饲养管理去操作，幼蛇喂至入冬前的2个多月，体长能增至出生时的2倍左右，体重能增至2倍。在这种长势情况下，幼蛇可望安全越冬。因此，应充分利用9～11月的黄金进食时间，使幼蛇尽快增重上膘，确保其捕到充足可口食物，最大限度地增加体内营养，保证第一次冬眠有足够的能量。

另外，幼蛇越冬的温度宜控制在5～8℃。短时间达到10～13℃也无大害；但不能长期低于5℃，否则幼蛇会全部冻死。

9 冬季能否继续养殖幼蛇？

在人工养蛇过程中，各地正在积极研究各种方法来打破幼蛇的自然休眠，以延长幼蛇的生长期。尽量缩短人工养殖商品蛇的育成周期，达到提高经济效益的目的。通过实践发现，在喂养幼蛇时，若能将饲养室的温度提高到15℃以上，便能解除幼蛇冬眠；如果保证温度长期达到27～30℃时，再通过持之以恒、细致的人工灌喂或投饲，完全可以让幼蛇不冬眠，人为加快幼蛇的生长发育速度，变常温养殖幼蛇为控温的恒温养殖。

10 冬季恒温养殖幼蛇，食物怎样解决？

实施幼蛇的恒温养殖，看似是一个简单的问题，实际上并不是这样的。除提供幼蛇所必需的温、湿度条件以外，供应幼蛇所需的各种适口食物，是保证幼蛇生长发育的重要物质基础。有条件的养蛇场（户）可在冬季来临之前，在孵化场提前订好淘汰的鸡雏、鹌鹑苗或鹧鸪苗，保证定期投喂给幼蛇。另外，还可以多购一些淡水小杂鱼，以分包、定量的形式贮藏于冰柜或冷库内，需要时可化开喂蛇（必须完全解冻，达到室温，不能喂冰鱼）；其次，小于鸡蛋的鹌鹑蛋、鹧鸪蛋或各类鸟蛋均是幼蛇喜食的饵料，若能不定期地投放一些，除增加幼蛇的饲料品种外，更能满足幼蛇的生长所需，让幼蛇在冬季的生长中能够顺利蜕皮。

此外，在冬季恒温养殖幼蛇的过程中，如遇温、湿度或食饵无法正常满足幼蛇所需的情况下，应慢慢地将温度降下来，让幼蛇进入冬眠状态，千万不要抱侥幸心理，以防得不偿失。

11 春夏季节交替时，应怎样管理幼蛇？

我国绝大部分地区，一年四季寒暑交替气温变化明显，幼蛇的活动也表现出依赖季节的明显差异性。春末或初夏，幼蛇会本能地结束冬眠而出蛰活动，在此期间幼蛇只是选择天气暖和的中午出来晒太阳，并不急于摄食，而是继续消耗体内所储存的剩余脂肪。如果幼蛇在过冬之前吃不饱，体内脂肪储存不足，再加之体弱或有寄生虫病等，往往在出蛰后经不起外界气温变化而死亡，这时的死亡率往往高达 35％～50％。鉴于这种情况，应在幼蛇还未出蛰之前，先清理蛇场杂物并彻底消毒，以防病菌侵害幼蛇。其次是刷干净水沟或水池，注入新鲜的饮用水，最好在水中加入少许抗生素或复合维生素 B 溶液，有助于幼蛇早日进食。初春是幼蛇出蛰后蜕皮最集中的时期，在此季尽量保持环境安静，避免陌生人进场，让幼蛇在安静的场所尽快蜕皮。据观察，幼蛇蜕皮后的 10～15 天开始少量进食，此时应抓住时机、适时投喂，满足幼蛇的进食所需。

12 幼蛇在炎热的夏季也会出现"夏眠"现象吗？

与成蛇"夏眠"习性相似，生活在热带或亚热带的幼蛇，在炎热的夏季也有"夏眠"现象。其原因主要是夏季气温过高，加上长时间不下雨，造成气候比较干燥，使幼蛇赖以生存的条件难以达到，生命在此季受到严重威胁。因此，不得不转入地下或窝内，深居简出，以"夏眠"的形式渡过生命危机。

在夏季人工养殖幼蛇时，可以给蛇场提前张挂黑色遮阳网；水池（沟）经常引入新鲜水；加厚地下与地上蛇窝的遮盖物；在每天的早晚各喷水一次。这些措施均有利于幼蛇度过炎热的夏季，帮其不"夏眠"或尽量缩短"夏眠"时间。

13 幼蛇也有"秋季催肥"这一说法吗？

"秋风起，三蛇肥"这句民间谚语，也适用于所有种类的幼蛇。它形象地说明每年秋季由于天气凉爽、气候适宜，到了蛇类一年一度的进食季节或活动高峰期，幼蛇大都通过大量进食来增加体内脂肪，为冬季御寒或冬眠打下基础。大部分幼蛇在这种不冷不热的气温下，消化能力特别强。所以，此季应供给幼蛇充足多样的可口食物，促其多进食，从而提高幼蛇抗病、抗寒能力。不过，秋季也处在"一场秋雨一场寒"的时期里，在降雨后，气温不适宜时，最好少投或不投饵料，以防幼蛇将吃进去的食物反吐出来，因幼蛇的消化酶是受气温控制的。因此，建议养蛇场（户）秋季给幼蛇催肥时，一定要注意收听当地的天气预报，掌握投喂的最佳时间，以免浪费饵料。

14 怎样辨别幼蛇的雌雄？

蛇类有雌有雄，在外部形态上两性差异不是很大。幼蛇区分雌雄的具体标志是：雄蛇的尾部较长，逐渐变细，挤压肛孔可露出半阴茎；而雌蛇尾部较粗短，只是向后逐渐变细而已。还有的幼蛇雄性色彩比较鲜明清晰，如水赤链蛇、铅色水蛇、乌游蛇等。除上述辨别特征外，雌性幼蛇的头相对雄性来说小一些，这也是巧辨幼蛇雌雄的常用方法之一。

15 幼蛇开口不好的原因有哪些？

每年到了幼蛇开口的这个时候，问题似乎一下子多了起来，特别是刚入行的养蛇新手们，由于这样或那样的原因，致使有的幼蛇还没开口便早早死亡。更有甚者，明明幼蛇已经开口了，可随后又闭口不食，此状非常令人烦恼。幼蛇开口不好、开口时间长或开口后又出现不食等状况，随着时间延长对幼蛇不利影响会加大，其具体原因离不开下面几点：

（1）给幼蛇投喂的食物不适合　例如，用其不喜欢进食的冻鸡雏开口，或是用冰冻时间过长的食物开口，这些均是幼蛇不乐意接受的开口食物。

（2）短时间内频繁更换食物、投喂地点及投喂距离过大等　这些均令多数幼蛇无法适应，造成幼蛇进食不佳或进食延后。

（3）幼蛇窝舍建造不合理　多数养蛇人受蛇是群居动物的影响，觉得幼蛇小，空间也安排的少，集中表现在窝小蛇多密度大；加之窝舍板与板之间的距离过高，极易造成幼蛇随地扎堆，不利于幼蛇出窝寻食。有不在少数的养蛇新手们，为了给幼蛇创造自认为合适的活动空间，把幼蛇窝舍的层数有意增加许多，这样造成窝舍面积过大，加之投喂点不够多，致使幼蛇不易找到食物。这种现象目前普遍存在，希望引起新手们的高度重视。

（4）温度没有很好保持住，直接导致幼蛇出现拒食现象　就拿蛇房环境温度来说，10月底、11月初时除温暖的南方外，其他地方尽管白天温度较高，但夜里温度却达不到幼蛇的进食要求。有些地方早晚温差已经比较大了，而很多养蛇人此时却舍不得加温。其实，这时应该要在傍晚或夜间开始加温了，不然幼蛇极易出现消化不良、进食后反吐，乃至开口后又拒食等的不良现象发生。

（5）湿度问题　很多养蛇新手们由于没有给幼蛇开口的亲身经历，做起事来总是蹑手蹑脚、过度小心翼翼，不知如何操作才能恰到好处；总是担心氨气过重熏坏幼蛇，不利于幼蛇日后的健康，故利用进进出出的机会，尽可能让蛇房多多通风透气。其实不然，如此这般频繁通风透气，必定会导致湿度快速下降；在湿度下降的同时，也意味着蛇房整体温度下降，这样幼蛇开始出现拒食现象也就在所难免。蛇房内使用的温、湿度计，建议不要使用电子类型的那些，最好使用物理温、湿度计，这样测试的结果会更准确。

（6）惊扰过多　有不在少数的养蛇新手对幼蛇过于重视，老是爱长时间泡在蛇房里观察它们的一举一动。于不知不觉中对幼蛇的惊扰太多，让幼蛇没有足够的安全感。此外还有频繁打扫卫生，非要把蛇窝搞得一尘不染，让幼蛇时时处在高度惊恐中，此举也会严重影响幼蛇的正常进食。

（7）过于看重消毒或用药预防环节　频繁过度的消毒，同样不利于幼蛇的正常进食。还有一个错误观念，那就是频频给幼蛇用药进行所谓的疾病预防。10～11 月，在温、湿度适宜的蛇房环境下，幼蛇几乎没有大的疾病或死亡发生，其来自母体的免疫能力还是非常强大的，这点毋庸置疑。能否保持恒定的蛇房温、湿度，才是让其顺利度过短暂开口期的重头戏，这点至关重要、不容忽视。其他可暂时不要频繁而又过度地盲目进行，不然幼蛇会在不知不觉中错过最佳开口期，若行二次开口可就麻烦多了。

总体说来，在幼蛇整个的开口期间，暂时不要人为过度打扫卫生，频繁开门窗通风透气，尽量少消毒或不消毒。这些建议听起来好像有违以往良好的养殖传统，但最终会发现这样给幼蛇开口其实更好。此外，对此时已出现进食减少的幼蛇，只需在覆盖窝舍上端的棉被或毡毯上，再覆盖一层塑料薄膜，用不了几天后便会有"奇迹"出现——那些原本不愿进食的幼蛇，此时也开始吃食正常了。谜底就是那层塑料薄膜，即薄膜覆盖下的窝舍温度稳定提高，借着这层薄膜带来的恒定温度，一举让进食不佳的幼蛇重新开口进食。再次证明，简单的往往就是最好的，建议不妨一试。

五、常见经济蛇类的养殖技术

（一）王锦蛇的饲养技术

王锦蛇是野生蛇类中种群数量较大的品种之一，因其长势快，肉多，耐寒能力强，并且季节差价较大，是目前国内开发利用的主要对象。但任何野生动物都经不起无限制的掠夺性捕杀，建议应该将开发利用与饲养保护结合起来，才能更多、更好地被人类所利用。

1 王锦蛇有哪些地方性的别名？主要分布在哪里？

王锦蛇别名大王蛇、蛇王、菜花蛇、王蛇、臭黄蛇、王字头蛇、麻蛇、油菜花、棱锦蛇、黄蟒蛇、菜蟒等。

王锦蛇主要分布在浙江、江西、安徽、江苏、福建、湖南、湖北、广西、广东、云南、贵州、陕西、河南及甘肃等省（自治区），是典型的无毒蛇，其长势仅次于蟒蛇。

2 王锦蛇有何特征和习性？

王锦蛇的主要特征是头部有"王"字形的黑斑纹，故有"王蛇"之称。其头部、体背鳞缘为黑色，中央呈黄色，似油菜花样，体前段具有30余条黄色的横斜斑纹，到体后段逐渐消失。腹面为黄色，并伴有黑色斑纹。尾细长，全长可达2.5米以上。成蛇与幼蛇的色斑差别很大，头上没有"王"字形斑纹，往往被误认为是其他蛇种。

王锦蛇身体呈圆筒形，体大者可达5～10千克。主要生活在丘陵和山地，在平原的河边、库区及田野均有栖息。它动作敏捷，性情较凶狠，爬行速度快，会攀缘上树。主要以鼠类、蛙类、蛇类、鸟类及鸟蛋为主食，在食物短缺时甚至捕食同类。该蛇身上有一种奇臭味，手握蛇体后要用香味浓郁的香皂多洗几次，方能将此臭味去掉。该蛇系产卵繁殖，每年的 6～7 月产卵，每次产 8～15 枚不等，孵化期为 40～45 天。

3 王锦蛇和其他蛇类相比有何不同？

目前，国内完全适合人工养殖的无毒蛇品种还不是太多，王锦蛇便是其中的一个好品种。由于王锦蛇有体大、耐寒、食性广、适应性强、生长快、育成周期短、容易饲养和孵化、市场价格高等诸多优点，很多蛇场或养蛇户，特别是长江以北的各省份，大都以它作为无毒蛇的首选饲养对象。

虽然王锦蛇是无毒蛇中长势最快、形体较大（除蟒蛇外）的蛇类，但它性情凶猛，敢与毒蛇中的五步蛇、眼镜蛇争食，且有捕食同类或其他蛇类的习性，故此蛇只能单独养殖，不能与其他无毒蛇同场混养。在养殖此蛇时，即使投喂的饵料再充足、多样，也要不定期地投放一定量的饲料蛇，如红点斑蛇、双斑锦蛇、水蛇等，以满足其食蛇"嗜好"，避免蛇与蛇之间的相互吞食。这是有别于其他蛇类的主要地方。

4 王锦蛇的长势怎样？

王锦蛇在适宜的条件下长得很快，是其他蛇类不可比拟的。

若饲养王锦蛇，只要体重达到700～1 000 克左右出售正合适，南方市场多以大蛇受欢迎。因王锦蛇同其他蛇类一样，生长也是分阶段性的，一旦达到某一重量阶段，生长便呈现缓慢增重状态，从以上长势介绍可见一斑。

5 王锦蛇的饲养密度及进食情况怎样？

王锦蛇的平均饲养密度宜在每平方米 7～10 条 500 克左右的。

若投放的体型较大一些，每平方米可以减少2～4条；在立体养殖条件下，每平方米可放养15～25条。

刚投入蛇场的王锦蛇，因对新环境不熟悉，短时间内难以适应，胆子会变得很小，有的白天躲在窝里，只有晚上才会出来觅食，待时间久了白天才敢出来活动（5～10天）。但绝大多数王锦蛇胆大，不怕人，即使有人在旁边也不妨碍它进食。王锦蛇的食量较其他蛇类大些，一条重1 000～1 400克的，一次能连吞1～2只蟾蜍或2～3只小鸡雏，饱食一次后便爬回蛇窝静卧，消化需7～15天。如有条件者，最好定期投放一些饲料蛇，以满足其食蛇所好，避免捕食同类。另外，王锦蛇也食鸡蛋或鹌鹑蛋，不妨在食物缺乏时投喂一些，以解燃眉之急。

6 王锦蛇有何繁殖特征？

王锦蛇为卵生繁殖，每年的6月底至7月中旬为产卵高峰期，每次产卵5～15枚。刚产下的卵表面有黏液，常常几个粘连在一起。掰开卵会发现，卵内没有卵黄和卵白之分，均是淡黄色的胶状物质。王锦蛇的卵较大，呈圆形或椭圆形，卵为乳白色，每卵重40～55克，卵小者也有30～38克，孵化期长达40～45天。据观察，王锦蛇产卵后盘伏于卵上，似有护卵行为。但人工养殖王锦蛇，重视的还是人工孵化。王锦蛇孵卵技术同其他蛇类一样，只是孵化天数不同而已。人工孵化王锦蛇卵，大多采用泡沫箱孵化法。蛇卵孵化的最佳温度为25～30℃。如果温度过低，孵化时间将会延长；温度偏高，虽可以缩短孵化期，但容易形成畸形的幼蛇。

7 幼蛇与成蛇有何不同？

刚出壳的幼蛇体长在25～35厘米，个别大者可达35～45厘米，体色较浅，头部无"王"字形斑纹，往往使人误以为是其他蛇种。幼蛇枕部具有2条短的黑纵纹，体背呈浅茶褐色，有不规则的细小黑斑纹；尾背有2条细黑纵纹直达尾端；体后段及尾部两侧各有1条黑色点状斑纹；腹面为浅粉红色，腹鳞两侧有黑色点状斑。

从以上介绍不难看出，从幼蛇的花纹及颜色上根本找不到成蛇的模样，差别之大，令初养者很难相信这就是王锦蛇幼蛇，这种现象在众多蛇类中也是十分少见的。

8 怎样给王锦蛇幼蛇做好开口工作？

对于王锦蛇幼蛇的开口问题，相信很多刚开始步入养蛇行业的新手们都觉得很郁闷，感觉空有一身力气却无法施展，尴尬程度如同"老虎啃天"一样，似乎一直找不到一个比较完美的解决办法。这里将重点介绍下如何降低开口成本、提高开口率的实用应对之法。

目前，王锦蛇幼蛇的开口食物，各地多以活体的鹌鹑幼雏为主。实践证明，总体开口效果还是相当不错的。鉴于此，目标已然定下要饲养王锦蛇的新手们，一定要提前联系好当地或周边的鹌鹑孵化场，饲养前一定要做到心中有数。因这是幼蛇开口来源方便、个头适中、价格低廉的大宗天然食物，更是它们乐于接受的主要开口食材之一，千万不能待用到时生生耽误了。

活体鹌鹑幼雏用于王锦蛇幼蛇开口，简单易行、数量庞大、成本低廉，对附近有鹌鹑孵化场的养蛇人来讲，可谓实实在在的一桩美事；但也不是每个地区都能轻易买到活体鹌鹑幼雏的。这样一来，鹌鹑的来源、运输及其他成本加大等诸多问题，一下子便显露出来，着实令人烦恼。如是长途购买活体的鹌鹑幼雏，不仅要增加运输费用，还会因鹌鹑幼雏死亡带来较大损耗。虽说活体鹌鹑幼雏的费用本身并不高，但现实的问题是这些幼雏不能长时间存活，若是像模像样地再去养殖鹌鹑，可就有些得不偿失了。所以，为了妥善解决这个棘手问题，同时方便没有鹌鹑幼雏购买的养蛇人，也能让喜爱王锦蛇的人养好该蛇，下面将着重介绍王锦蛇幼蛇用死料开口的方法。

要想切实养好王锦蛇幼蛇，首先得彻底了解幼蛇的生活习性。因该幼蛇同其他蛇类的幼蛇有所不同，那就是它们超级喜欢高温、高湿。了解到该幼蛇的生活习性后，也就等于掌握了其开口秘诀，只要把蛇房内的环境温、湿度设置高一些，最关键的饲养标准算是基本达到。

那么，王锦蛇幼蛇开口期间的温、湿度，到底设置在多少会更适宜呢？一般说来，蛇房温度应保持在 30℃ 左右，环境湿度最好达到 85％～90％，短时间内达到 90％～95％也无大碍。如此高温、高湿的蛇房整体环境下，幼蛇不进食死的食物仿佛都很难。此时，除投喂死的鹌鹑幼雏外；还可投喂一些纯肉、鱼肉或鸡、鸭幼雏的腿等，这样其开口成本一下子便降低许多，且食材更易于获得。更有甚者，部分幼蛇连蛙肉或狗肉都喜欢，可谓食材来源方便的先决优势。

实验证明，王锦蛇幼蛇在恒定的高温、高湿饲养环境下，完全可以用死的多种食材进行开口，其开口率在六七成。余下的三四成继续再用死的食材开口，7～10 天还可提高一两成。至此，幼蛇开口已完美达到八九成了。幼蛇出壳后 15～20 天，开始人为第一次分拣大小。最后，剩下的一两成不开口幼蛇，可采用人为辅助方式——填喂法助其开口。其具体的实施方法，可参考下文滑鼠蛇（水律蛇）章节。

9 如何保持适宜的温、湿度？

饲养实践中，很多人对蛇房加温的操控感觉轻而易举、不在话下，可谓八仙过海各显神通，有的更是堪称十分完美；却偏偏对于蛇房环境如何加湿不得要领，往往一时找不到简单而行之有效的方法。其实蛇房加湿的成本是最低的，其方式方法亦是最为简单的，下面简单介绍一下。

首先，蛇房内可多放置几台空气加湿器，对维持恒定湿度可谓简单有效。其次，还可把清水直接倒到不碍操作的地面上，只要蛇房内的温度高达 30℃ 左右，完全会把地面上的水分蒸发到空气中形成湿气；湿气即是湿度的直接来源，这样湿度自然会及时生成。最后，蛇房内可提前做好墙壁的保温工作，如在墙壁表面钉上具有保温效果的材质，如阻火型的泡沫板、塑料薄膜、加厚带绒保温膜和挤塑板等。因这些钉在墙壁上的干燥保温材质，在一定程度上会吸收一些湿气，保温的同时还能有效阻止湿气外泄，对保温控湿意义重大。

这里还有几个要点需要落实到饲养实践中，那就是王锦蛇幼蛇同滑鼠蛇（水律蛇）幼蛇一样，其开口期间的一个月内，可完全不用考虑蛇房内的通风透气问题，尽量做到少通风透气，此举可有效减少不必要的冷空气进入，从而维持住蛇房内恒定的温、湿度，对幼蛇生长和进食反而十分有利。

最后，再总结一下幼蛇开口的其他要点和温、湿度数据。首先，幼蛇窝舍内的隔离板高度不宜过高，维持在 2～3 厘米即可。其次，蛇房内宜保持在温度 30℃ 左右，最好不要长期超过 31℃，同样也不要长久低于 27℃。相对湿度宜保持在 85%～90%，长久低于下限或高于上限均于幼蛇长势和健康不利。为保障幼蛇开口期间的恒定温、湿度，可用质量好些的塑料无滴膜覆盖在窝舍上面，可以起到控温保湿的辅助作用。

不难看出，王锦蛇幼蛇顺利开口的些许秘诀，其实根本不大在于食物的死活，而是完全取决于满足它们饲养需求的高温、高湿。只有保持高温、高湿的适宜饲养环境，才能满足幼蛇开口的原始需要。原本看似十分棘手的幼蛇开口难题，在高温、高湿适宜环境的辅佐下，仿佛一下子都迎刃而解，这就是大胆改革、技术创新带来的便利和高效。

10 **幼蛇冬养应该注意什么？**

为了获取更大的经济效益或志在掌握反季节养殖幼蛇的技术，进一步奠定大规模饲养蛇类的基础，有条件的蛇场往往打破幼蛇冬眠期，使其尽快生长。因王锦蛇的耐寒能力比较强，加之食物来源广、养殖可塑性强和冬季价高等优点，人们率先将王锦蛇幼蛇列入冬养范围。但值得注意的是，打破幼蛇冬眠期，需采取逐步打破的方法比较稳妥。具体的操作方法是，可采取当年深秋晚 10 日降温，使幼蛇晚 10 日进入冬眠；翌年春天早 10～15 天升温，迫使幼蛇早出蛰。切不可一下子就打破幼蛇冬眠的习惯，毕竟幼蛇不同于成蛇，耐受能力并不是太理想。盲目限制其冬眠时间，容易使它的正常生长规律陷于临时性的混乱，不利于幼蛇的生长。按照逐年缩短幼蛇的冬眠时间，让其有一定的适应性，才能达到安全打破幼蛇冬眠，延长其生长时间、缩短育成周期的目的。地处长江以南的养蛇场（户），由于冬眠时间较短，对其影响不算太大。凡是能够达到饲养条件的，不妨干脆让幼蛇不冬眠。

11 用蛇箱冬养幼蛇应注意什么？

可以采用在蛇箱内顶部吊挂 1～3 只 60～100 瓦白炽灯泡的方法来增温。但是，灯泡的外面一定要加罩，使幼蛇无法直接接触到灯泡。在面积稍小的蛇房内采取箱养或池养的，可采取土暖气、暖气、电炉加温等方式，有条件者用空调控制温度当然最理想不过，但不宜采用明火（炉火和柴火）直接烘烤加温，慎防浓烟将幼蛇呛死。冬养幼蛇箱见图 4。

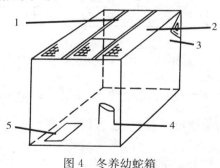

图 4　冬养幼蛇箱

1. 推拉门　2. 纱窗　3. 灯　4. 树桩　5. 水盘

在幼蛇的冬养期间，除了维持正常的温、湿度外，还要定期检查幼蛇的健康状况或病害情况，发现问题及早解决。如遇不能维持正常养殖的意外情况，应及早终止幼蛇冬养，让其进入冬眠状态。

12 散养幼蛇应注意什么？

我国长江以南的广大地区，由于气候适宜、环境湿润、食饵相对北方来说丰富得多，加之幼蛇冬眠也比北方晚许多，故比较适宜散养或半散养。对于采取散养或半散养形式的幼蛇来说，最好采用集中在运动场或固定场所定点定时投饵的方法，久而久之，幼蛇便也习惯了这种方式。尤其是以投喂死饲料为主，如泥鳅、小杂鱼或鹌鹑蛋等，更应注意投喂地点。应彻底清除吃剩的投饲物，以防止腐败变质。若在采光条件较好的室内散养幼蛇，除做好防逃工作外，还应将幼蛇的窝和洞垒造好，让幼蛇有个理想安全的栖息场所。幼蛇散养房见图 5。

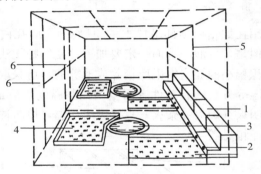

图 5　幼蛇散养房

1. 蛇窝　2. 蛇洞　3. 水池　4. 草坪　5. 铁丝网隔墙　6. 门

13　幼蛇有按养殖密度和大小严格分级的必要吗？

幼蛇养殖密度建议不宜过大。以每个蛇窝 1 米^2 面积而言，控制在每窝 50 条左右为宜。合适密度的蛇窝，加之幼蛇投喂点之间的合适距离，会使幼蛇更容易找到投放的食物，还能明显起到减少瘦弱幼蛇数量的作用。幼蛇两个投喂点之间的距离不宜过长，一般以间隔 50 厘米设置一处投喂点为宜。

幼蛇出壳后捡入早已备好的窝舍内，除保持蛇房内适宜的温、湿度外，尽可能人工预先分出幼蛇的大小，入窝前就已做到有的放矢，为日后精心照料瘦弱幼蛇打好基础。

建议从幼蛇出壳到配齐一窝的时间为 3～5 天，这样可以有效保障幼蛇及时开口、缩短蜕皮时间差，利于集中开口进食；如果长时间拖拖拉拉捡苗凑窝，多会导致投喂时其开口率整体下降，这点新手们还是尽量避免吧。

进食后幼蛇为何还要再进行大小分级呢？一般通过给幼蛇大小分级，是为把那些躲在窝内深处，平时又不易观察、分拣不出的瘦弱幼蛇彻底挑出来，也就是人们常说的不开口幼蛇。通过人为及时分级的手段，将隔离出来的幼蛇统一再做精心投喂或人工填喂，借助这样的方式促其开口进食。通过人为分级或辅助进食的方式，让它们成为正常而又健康的幼蛇，在不放弃瘦弱幼蛇的同时最终带来收益。

14 南、北方养殖王锦蛇的饲料转换率有差异吗？

南、北方养殖王锦蛇的饲料转换率差异比较大。像福建、云南、广西、广东、海南等省、自治区没有明显的季节变化，全年气温低于0℃的时候很少，可以说四季如春，自然王锦蛇的生长期比其他地区长好几个月，这是饲料转换率高的其中原因之一。再者，蛇类是变温动物，不需要通过耗能来调节体温，它又无四肢来支撑体重，故形成了吃饱不爱活动的天然习性。虽然它7～15天才吃一次东西，但它的消化吸收能力特别强。所以，它的饲料转化率也比较高。以王锦蛇为例，在适宜其生存的环境中，王锦蛇如果能吃500克鲜活饲料，消化后其体重可净增300～350克，这是其他蛇类无可比拟的，也是人们选择养殖王锦蛇的又一主要原因。

在北方养殖王锦蛇就没有南方那么好的自然条件和天然优势了，相比之下饲料转换率也没有南方王锦蛇高。在我国北方，王锦蛇进入冬眠期在每年的10月中旬；而在南方，则在11月，甚至12月才会进入冬眠。南方王锦蛇出蛰较早，在3月末至4月初；而北方的王锦蛇出蛰则晚很多，在4月上中旬，晚者至下旬才出蛰。这也是南、北养殖王锦蛇饲料转换有差异的原因之一。

15 在养殖王锦蛇时，南北差异还有哪些？

每年的秋末冬初时节，当气温逐渐下降时，王锦蛇便转入不愿活动的半僵状态。当气温降至10℃左右时，王锦蛇便进入了冬眠。

对于产地在北方的王锦蛇，因耐寒能力相对南方蛇强一些，实际进入冬眠时的气温可能比此温度还要低。

在我国的南、北方，无论采取何种养殖方式，蛇窝均应设置在干燥的地方。王锦蛇冬眠的时候，蛇窝内的温度宜保持在8～12℃，温差不宜超过2℃。温度过高，如10℃以上时便会增加蛇体的消耗，于蛇冬眠及翌年春天出蛰时不利；温度过低，如长期低于5℃以下时，往往会发生冻死蛇的现象。南方因地下水丰富，水位相对北方来说较浅，冬季应注意蛇窝的湿度变化。若湿度始终处在85％以上，蛇腹容易受潮生斑，久而久之就患上了霉斑病或口腔炎。由这两种症状引发的死亡不在少数，希望南方的养蛇场（户）格外注意。

（二）乌梢蛇的饲养技术

乌梢蛇是典型的食、药两用蛇类。它不仅肉质鲜美，而且还具备许多毒蛇所没有的药用价值。传统中药中的乌蛇便是本种处理后的干品，这是其他无毒蛇所无法比拟的。除此之外，乌梢蛇皮还是制作乐器、皮革制品的上好原料。食、药兼备的乌梢蛇越来越受到人们的重视和欢迎。现市面上热销的纯蛇粉，大都以乌梢蛇为主要原料。

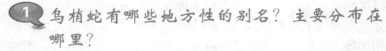 **乌梢蛇有哪些地方性的别名？主要分布在哪里？**

乌梢蛇别名乌蛇、青蛇、一溜黑、黑花蛇、乌风蛇、乌风梢、乌风鞭、风梢等，是我国较为常见的一种无毒蛇。

乌梢蛇主要分布在安徽、浙江、江西、福建、河南、陕西、甘肃、四川、贵州、江苏、湖北、湖南、海南、广东、广西等省（自治区）。

② 乌梢蛇有何特征和习性？

乌梢蛇的主要特征是身体背面呈棕褐色、黑褐色或绿褐色，背脊上有两条黑色纵线贯穿全身，黑线之间有明显的浅黄褐色纵纹，成年个体的黑色纵线在体后部逐渐变得不明显。此蛇头较长，呈扁圆形，与颈有明显区分；眼较大，瞳孔圆形；鼻孔大，呈椭圆形，位于两鼻鳞间，有一较小的眼前下鳞。躯体较长，背鳞平滑，中央 2～4 行起棱。腹鳞呈圆形，腹面呈灰白色。尾较细长，故有"乌梢鞭"之称。成蛇体长一般在 1.6 米左右，较大者可达 2 米以上。

乌梢蛇多栖息平原、低山区或丘陵，于田野、农舍中也能见到，春末至初秋季节常常出现在农田和农舍附近。此蛇活动敏捷，遇有异常，不管是敌是友，均是"三十六计走为上策"，绰号"一溜黑"由此而来。幼蛇背面呈深绿色，有 4 条纵纹贯穿于全身，与成蛇明显不同。乌梢蛇属狭食性蛇类，主要以食蛙类为主，其次是泥鳅和黄鳝；幼蛇食蚯蚓、小杂鱼。笔者曾发现该幼蛇吞食过赤链蛇的幼蛇。该蛇卵生，每产 6～16 枚卵不等，最早产卵者见于每年的 6 月中下旬，孵化期 38～45 天。

3 乌梢蛇有哪几个种类？

乌梢蛇在我国已知有 3 种，分别是乌梢蛇、黑网乌梢蛇、黑线乌梢蛇。在民间的俗名依次为黄乌梢、青乌梢、黑乌梢。这三种乌梢蛇若入药当首选黑乌梢，此蛇是传统中药乌蛇干的原种蛇类。若以食用为主，黄乌梢在市场上卖价最高，行内称之为"黄金条"；其次是青乌梢；黑乌梢排在最后，因其骨质较僵硬，不便装袋运输，长途装运活蛇的死亡率较高。再者，此蛇既不耐寒也不抗热，是蛇类中的"娇娇蛇"，异地引种时要格外注意。

4 乌梢蛇具体分布在哪些地方？

乌梢蛇的种群量，分布的省份也较多；黑网乌梢蛇仅在云南省有分布；黑线乌梢蛇则分布于我国的西南，如贵州、云南等省的贮量最多。同一产地的乌梢蛇，有时体色差异也较大，这主要与栖息环境有关。

5 **乌梢蛇有何食性?**

在人工养殖条件下，乌梢蛇食物主要以蛙类为主，小杂鱼、泥鳅、黄鳝为辅。因黄鳝的市价有时稍高，规模养殖时则很少投喂。乌梢蛇生性胆小，行动极为敏捷，善攀爬，爱活动，但少具缠绕能力，大多白天活动。久不投食后会发现乌梢蛇有追逐捕食的习性，主要以捕食活食为主，对死的动物通常不太感兴趣。但在食物缺乏时，也吃部分死食，必须是刚刚死亡的。乌梢蛇对腐败变质之物根本不感兴趣。它能吞食大于头部数倍的小动物，如大蟾蜍等，只是吞食速度明显减慢，有时常达 15～25 分钟。乌梢蛇的食量不是很大，一次连吞几只蛙类的情况很少见。它的消化能力很强，需 4～6 天投饲一次。

6 **乌梢蛇有何活动规律?**

在每年的春末夏初，乌梢蛇出蛰活动后，不急于摄食，而是忙于寻偶交配。乌梢蛇对场地湿度等环境的变化比其他蛇类更敏感，表现出强烈的喜暖厌寒、喜静厌乱等特点，养殖时应最大限度地予以满足。每年出蛰后，随着气温的逐渐升高，其活动逐日活跃，当平均气温在 25～32℃时活动最频繁。尤其是在气温适宜，空气相对湿度达到 65%～75%时，该蛇在露天场地的活动时间较长。随着气温的下降，其活动也会明显减少。当气温低于 15℃时，即进入不愿活动的状态。一般说来，每年的 7～9 月为乌梢蛇的活动高峰期，约 10 月下旬入蛰冬眠，全年活动期仅 6 个多月。全年气温普遍偏低的地方，该蛇的活动期更短，如黑龙江省。

7 **乌梢蛇越冬时体重有何变化?**

乌梢蛇同其他蛇类一样，亦有冬眠习性。每年的秋末冬初，当外界气温降至 15℃左右时，该蛇便本能地入洞蜷曲、冬眠了。整个冬眠期长达 6 个月之久，期间不食、不动、不排泄、不蜕皮，主要靠体内储存的脂肪来维持生存。该蛇的耐饥力很强，可以几个月甚至1年不吃也不会死亡（前提是入蛰前膘肥体壮）。虽然该蛇在活动期增重明显，但在冬眠期的失重也不小。以条重在200～400克的蛇为例，在越冬期间的体重消耗量多达60克；体重大于400克的消耗量达65克；幼蛇失重最大，低于200克的幼蛇，一冬下来要消耗40克。此外，该蛇在冬眠期的失重与气候条件、栖息环境、管理技术及入冬前的实际进食量均有密切关系。尽量给予适宜的环境温、湿度，满足进食期的营养需求（尤其是入秋以后），是减少该蛇冬眠失重的唯一途径。

8 活动期投饲应如何掌握？

在该蛇的活动期，即每年的4月中、下旬至10月中、下旬，养蛇场（户）应根据当地的具体条件和不同季节饲料来源的实际情况，以最大的可能满足其营养所需。要考虑降低饲料成本的原则，尽量结合该蛇的食欲状况，合理选择、搭配饲料。每次的投喂量应依据该蛇的年龄、性别、个体大小、体质状况、气候条件及两次投喂的间隔时间长短来灵活掌握，以稍有剩余为度。如成蛇在产卵前的10～15天或产卵后食欲均比较旺盛，应适当增加投喂次数和投喂量；在临近冬眠或出蛰后的10～15天内，该蛇基本上无进食欲望，可减少投喂次数和投喂量。投喂地点应固定。最佳的投喂时间宜选在上午8：00～10：00，还可根据具体的季节和投喂当天的气候适时调整。总之，群蛇出动时要及时投喂，只有在确保该蛇吃饱、吃好的前提下，才能取得满意的饲养效果。

9 乌梢蛇有饮水习性吗？

乌梢蛇离不开水，有明显的饮水习性，尤其进食后喜欢饮水。因此，蛇场内必须配备贮水池或贮水沟，以方便蛇随时饮水。乌梢蛇同大多数蛇类一样，在仅有饮水而没有食物的条件下，耐饥时间较长；而在既缺食物又缺饮水的饲养环境里（属恶劣环境），其耐饥时间会大大缩短。倘若长时间地缺乏饮用水，会导致身体虚弱、蜕皮不畅、极易患病，甚至死亡。因此，蛇场中的水池（沟）必须经常注入新鲜的饮用水，确保其日常所需。

10 **活动期的乌梢蛇该怎样管理？**

乌梢蛇有攀爬上树的特点，如蛇场内栽有较大树木，应定期修剪树杈，慎防树枝伸到围墙外，形成蛇外逃的自然通道。饲养人员应养成随时查看围墙、出水口等处有无破损或缝隙的习惯。因该蛇头颈细长，凡头颈能够钻出的地方，身体也能通过。所以，一经发现后，要立即修整或处理，避免发生逃蛇事件。此外，还要加强安全措施检查，注意防止天敌入场食蛇。该蛇的天敌有黄鼠狼、刺猬、大型老鼠和猫头鹰等。蛇场内不可盲目设置电子捕鼠器（电猫），慎防在消灭天敌的情况下伤害到场内的蛇。饲养人员最好养成每天观察并记录该蛇出窝活动的数量、时间、采食、饮水和蜕皮情况的良好习惯，一旦发现病害要及时处理。必要时，应单独取出做隔离治疗，严防病菌扩散危害健康的蛇群。

11 **乌梢蛇增重与温度有关系吗？年增重约多少？**

乌梢蛇的生长速度与饲养环境的温度密切相关。经观察，场内温度低于18℃时，该蛇的摄食量明显减少，体质稍弱者甚至停止进食，其生长几乎处于停滞状态。当气温高于32℃时，虽然摄食量较平时增加许多，但蛇体的消耗量也随之加大，生长速度反而减慢。而外界气温处在22～30℃的温度范围内，随着气温的不断升高，其摄食量逐渐加大，生长速度也日渐加快。这充分表明只有在适宜的温度条件下，才有利于乌梢蛇生长。这也是乌梢蛇耐受温度能力差的集中表现。

在同等的温度范围内，在饲料供给、饲养管理、生态环境基本一致的条件下，不同年龄的乌梢蛇，其增重速度亦有一定差异，并且表现得十分明显。在该蛇的整个活动期内（5～10月），成蛇体重平均增重150～350克；青年蛇增重快于成蛇，达到175～450克，个别突破500～650克；幼蛇最慢，仅达50～125克。

12 如何让乌梢蛇安全越冬？

乌梢蛇是否具有良好的身体状况，是决定其能否安全越冬的前提。在越冬前的 1~2 个月内（9~10 月）应喂给充足、多样的饲料，以增加蛇体内的营养储备，提高抗寒、抗病的综合能力。可将大小相近的数条乌梢蛇放在一起冬眠，群集冬眠可提高蛇体周围温度 1~2℃，同时有效减少水分散失。蛇窝应干燥、忌潮湿，必须有良好的保温性能，窝内温度宜保持在 8~12℃，湿度宜在 50%~60%。冬眠期间除定期检查窝内的温、湿度情况外，还应定期检查蛇体的健康状况。如发现病蛇或不理想的蛇，应及时隔离治疗，以免相互传染。若见蛇体有咬伤或数量减少时，应彻底检查并找出原因，加强安全防范，阻止老鼠和天敌的再次入侵。如果窝内情况基本适宜时，则无需翻动蛇窝，尽量减少对冬眠蛇的干扰。

初养者如果想得到详细的乌梢蛇冬眠数据，可自己选定几条蛇在冬眠前期、中期、后期称重，若发现重量减少得不太多，说明越冬场所的管理效果良好；反之，则说明越冬效果不佳，应尽快改进，免得出现死蛇现象。

13 冬眠环境不理想时，会不会影响翌年的繁殖？

在人工养殖条件下，如果让乌梢蛇在乱石堆积成的洞穴内或木箱内冬眠，蛇体内的能量损耗较大，且能量损耗随冬眠后期气温的不断上升而增加，尤其是在出蛰前的 1 个月，即 4 月。外界气温虽然明显回升，但仍达不到蛇的出蛰温度时，蛇体的损耗最大。实践证明：只有在合适场所越冬的乌梢蛇，其交配、产卵才会顺利进行；在不合适的环境下冬眠的蛇，其交配和产卵期均拖延许多，甚至没有繁殖行为。从表面上看该蛇虽已入眠，但其入眠不深沉，常有活动倾向，致使体内能量消耗增加；出蛰后必须要用较长时间来补充营养、恢复体质，待身体恢复后方有生殖能力。因此，其交配和产卵期推迟、产卵量下降也是必然的。所以，人工养殖该蛇，务必满足其冬眠所需，才能减少由此而造成的蛇体消耗乃至死亡现象，收到较为理想的繁殖效果。

14 幼蛇是否强壮与成蛇有关系吗？

先有强壮的母体，才会有理想的幼蛇。只有加强冬眠后成蛇的营养和管理，才能收集到优质的入孵蛇卵；再加上良好的孵化技术，才能促使仔蛇早日孵出、进食。通过对比观察发现，8月初出壳的仔蛇要比8月底出壳的成活率高，此比例在冬季尤为明显，存活率达80%以上，这可能与仔蛇进食早、多有直接关系。9月中、下旬出壳的仔蛇就没这种优越性了。因这个时期的气温已逐渐下降，严重影响幼蛇的进食和活动。有的幼蛇甚至还来不及进食就被迫进入冬眠，单靠自身所贮的营养远不能维持冬眠所需，故冬眠的死亡率非常高，达60%左右。因此，若想得到理想的幼蛇，必须从养好成蛇做起，这是一个不容忽视的环节。

15 怎样人工填喂幼蛇？

幼蛇出壳后，主要以吸收卵黄为营养而暂不进食，初期只饮水，故不需投喂任何食物。对长期不进食的幼蛇，只需灌喂丰富的人工流质饲料作为营养液，如生鸡蛋、牛奶或葡萄糖溶液等。每隔1周灌喂1次即可。几周后，可对幼蛇填喂人工配合饲料。人工配合饲料以鸡蛋和面粉（鱼粉）为主，再适量添加土霉素、维生素及鱼肝油或钙片等。填喂时，最好两个人合作进行。其中一人手提蛇头，使蛇体自然垂立；另一人用一根冰糕棒或薄竹片轻轻撬开蛇口将食物灌进去，最后用大拇指轻捋蛇腹，促使食物滑入胃内。在人工填喂幼蛇的同时，要加强幼蛇的捕食驯化。蛐蛐、蚂蚱和蚯蚓是幼蛇喜欢吃的食物，有条件者可投喂幼蛙、小鱼、乳鼠和小饲料蛇等。发现幼蛇主动捕食后，应立即停止人工填喂，免得养成幼蛇依赖填喂的不良嗜好。

16 幼蛇怎样蜕皮？

幼蛇出壳后7~10天即蜕第一次皮，1个月后蜕第二次皮，体长明显增加。乌梢蛇幼蛇蜕皮时，先将头部在粗糙的树木枝杈上来回磨蹭，数个动作后便见头部皮肤自吻尖处张开，然后利用树杈夹住已张开的皮，身体慢慢往前爬行，待几分钟或数十分钟后，一张十分完整的蛇蜕就挂在树枝上了；也有将皮蜕在草丛中或砖缝中的，但所占比例不大。

17 幼蛇有何摄食习性？

刚出壳的幼蛇便四处爬动，遇见投喂的小动物即有攻击行为，但蜕皮前未见捕食。据观察，幼蛇在第一次蜕皮后才开始猎取食物，主动捕食幼小的投喂物。捕食动作同成蛇基本一样，只是不太准确。但幼蛇总是穷追不舍，直到捕获为止。一旦咬住后便不再松口，直接吞入腹中。与成蛇明显不同的是，乌梢蛇幼蛇白天、晚上均有捕食行为。进食后，大部分幼蛇进入蛇窝盘蜷休息，也有一部分爬上灌木休息。

有人曾做过试验，自蛇池内取出 10 条幼蛇，置室内饲养柜中，停食 7 天但供给饮水。第七天凌晨 1 时，在不开灯的情况下投幼蛙 20 只，5 分钟后可听见幼蛙被咬的惨叫声。乌梢蛇幼蛇能在黑暗中捕食幼蛙，可见其具有较强的生存能力。

在食物充足的情况下，仍常见两蛇争食同一食物的现象。一条幼蛇咬住幼蛙的头部正在吞食，另一条幼蛇则咬住幼蛙的腿部极力往后拖，争食结果往往是强者胜、弱者败。这种争食，有利于增强幼蛇体质，提高捕食能力，但同类之间少见捕食现象。

18 怎样满足幼蛇的越冬需求？

乌梢蛇幼蛇 11 月下旬随着外界气温的逐渐下降，进食频率明显变小；12 月上旬便停止进食，进入蛇窝开始第一次冬眠，直至翌年 3～4 月出蛰，在北方则在 4 月中下旬出蛰。

乌梢蛇幼蛇越冬的温、湿度同成蛇相似，蛇窝温度需保持在 8～12℃，最高不能超过 15℃，否则会出现幼蛇的不连续冬眠现象；相对环境湿度宜维持在 50%～60%，超过 75%～80%，幼蛇易患口腔炎、肺炎和霉斑病。尽管有的资料上介绍说湿度要达到80%～95%，笔者根据多年的养蛇实践，发现与实际相差甚远，不宜采用。

即使有再好的冬眠条件，幼蛇也同成蛇一样，亦有冬眠失重现象，这是目前尚未解决的难题。

19 如何减少乌梢蛇成蛇的夏季应激反应？

多数养蛇人知道乌梢蛇脾气暴烈、胆子特小。乌梢蛇在综合用途方面虽然名气颇大，堪称蛇类中的佼佼者，但它却也是大名鼎鼎的"娇娇蛇"，属于那种特知冷怕热、抗恶劣环境不佳的娇贵蛇类。夏季高温来临，有的蛇房空间较小，温度过高且通风不畅时，乌梢蛇成蛇最易出现明显的应激反应，主要表现为零散躲藏、躯体弯曲度不佳、不肯进窝、进食量明显减少等状况；但它们均会大量饮水，严重者会伴随肠炎出现。打扫粪便时，多会发现黄色汤水状粪便或绿黑色粪便；更有甚者，会出现脓状带血粪便等。

这是成蛇免疫力下降和肠道受损状况发生的标志。除做好必要的通风透气及其他有助降温的措施外，还应及时在饮水中加入8%维生素C和适量葡萄糖，可保蛇在炎热的夏天安然度过。此法不仅适合于乌梢蛇成蛇，更适用于炎热夏季下所有的蛇类。同时，对于肠道系统感染颇为严重的蛇，可阿莫西林、阿奇霉素和氟苯尼考三者合用，可有效抑制肺炎、流感等呼吸道疾病；同时还可高效治疗肠炎引起的便血、身体消瘦、生长迟缓、蜕皮不畅及进食不佳等症状。如果家中临时没有这些药或买不到的话，还可直接使用针对细菌性肠炎的药物，首选抗菌消炎药拜有利，患蛇可按条重每千克5毫升的剂量，一般一天一次。实践中发现效果也是不错的。

不要轻看夏季乌梢蛇成蛇出现的应激反应，初期表现平平，中后期一旦暴发丝毫不亚于肺炎的危害。所以，必须引起充分的重视，坚持做好日常管理的细节。必要时提前做好预防工作，足量投喂其喜欢的食物，从而避免因一部分蛇出现状况而殃及蛇群。一旦发现成蛇有上述症状时，一定是其身体免疫能力急剧下降的表现，如果再有肠炎或粪便带脓血现象伴随，那更得引起密切注意了。因

70％以上的蛇生病或其他不良症状出现，皆是从不愿进食、不思归窝、大量饮水和粪便出现异样开始的。故此，为了避免应激反应和肠道疾病的同时发生，盛夏季节来临前，不妨在其饮用水里适量添加 EM 原液复合益生菌，可有效起到调节陈旧代谢、增强免疫能力、改善肠道、促进吸收、抗病毒、预防肠炎、驱除腥臭异味、驱蚊蝇等效果；提前预防的同时还能起到改善养殖环境、净化空气的作用，从而促进蛇蜕皮正常、体色油光发亮、蛇条均匀、膘情紧致、增重稳定、脂肪少等，以期达到肠道好，诸病不生的最终目的。

（三）黑眉锦蛇的饲养技术

黑眉锦蛇不但分布广、体形大，更以肉味鲜美而著称，是著名的食用蛇之一，市场需求量颇大。其肉、胆和蛇蜕等均是优良的天然药材。蛇皮因宽大且厚实，是制造手提包、钱包及乐器的上乘材料，很受国内外市场的欢迎。

1 黑眉锦蛇有哪些地方性的别名？主要分布在哪里？

黑眉锦蛇别名黄颌蛇、枸皮蛇、黄喉蛇、慈鳗、黄长虫、家蛇、广蛇、菜花蛇、三索蛇、秤星蛇等，是一种个体较大的无毒蛇。

黑眉锦蛇主要分布在辽宁、河北、山西、甘肃、西藏、四川、安徽、海南、广东、广西、福建、云南、贵州、江苏、浙江、湖南、湖北、江西、河南、陕西等省（自治区）。

2 黑眉锦蛇有何特征和习性？

黑眉锦蛇的主要明显特征是眼后有 2 条明显的黑色横斑纹延伸至颈部，状如黑眉，所以有"黑眉锦蛇"之称。背面呈棕灰色或土黄色，体中段开始两侧有明显的黑色纵带直至末端为止，体后有 4

条黑色长纹延至尾梢。腹部灰白色，体长约 1.7 米以上，大者在 2.3 米左右。

黑眉锦蛇善攀爬，生活在高山、平原、丘陵、草地、田园及村舍附近，也常在稻田、河边及草丛中，有时活动于农舍附近。此蛇喜食鼠类，常因追逐老鼠出现在农户的居室内、屋檐及屋顶上，在南方素有"家蛇"之称，被人们誉为"捕鼠大王"，年捕鼠量多达 150～200 只。此蛇虽是无毒蛇，但性情较为粗暴，当受到惊扰时，能竖起头颈，离地 20～30 厘米，身体呈 S 形，做随时攻击之势。它喜食鼠类、鸟类，对蛙类不怎么感兴趣。在人工饲养条件下，一般以投喂淘汰的鹌鹑、雏鸡为主；最好用电子捕鼠器捕鼠，保证定期投喂部分鼠类，满足其生长所需。此蛇卵生，每年 5 月左右交配，6～7 月产卵，每次产卵 6～12 枚。孵化期 35～50 天，但卵的孵化受温度的影响很大，最长者可达 2 个月之久。

3 黑眉锦蛇有何摄食行为？

黑眉锦蛇摄食多以游荡方式觅食，经常在小动物出没的地方游动，捕食率特别高，只要小动物从其附近经过就有命丧蛇腹的危险。当外界气温升至 24～31℃时，其捕食旺盛，活动较频繁，也变得凶猛许多。若遇陌生人接近时便猛烈出击。若投入小鼠时，便见它做出迅速反应，头转向小鼠的所在方向，同时体前部昂起做进攻扑咬架势，随后快速出击，一般能准确扑住猎物。如小鼠逃窜，蛇便再次待机扑咬，直至捕住猎物。咬住后便不再松口，并以身体进行缠绕、挤压。有时可见小鼠的眼、鼻、口角等部位流血，直至猎物窒息死亡后它才松口，然后找寻到猎物的头部再行吞食。偶见饥饿者有时从鼠的后部开始吞食，其吞食速度视猎物的大小而定。大多情况下，吞食 50 克左右的小鼠只需 3～5 分钟；若吞食的猎物较大，需要的时间便会延长。吞食重量大于 250 克时，便见其将喉伸出口角外，以保证正常呼吸，需 25～40 分钟才能将食物顺利吞进腹内。

黑眉锦蛇除食鼠外，亦喜食鸟类。我们在饲养过程中，曾投喂过黑翅（北方的一种常见鸟，比麻雀大）。蛇体达到 1.3 米以上的成蛇均能捕食该鸟。蛇捕鸟似捕鼠（剪掉鸟翅），一口咬住随即迅速缠绕挤压，尔后寻其头部吞食。在吞食过程中，如遇两翅张开受阻时，蛇的上、下颌可移向一侧合拢翅膀，然后继续吞食；吞鸟的时间较吞鼠时间稍长，一般为5～10分钟。

饲养该蛇时，还可投喂金黄地鼠、雏鸡、小鹌鹑和鹧鸪苗、鸭苗等。总之，上述哪一种食饵取用方便、价格低廉，我们就用哪种。因该蛇食量较大，投喂成本不得不考虑。

④ 黑眉锦蛇的耐饥与饮水情况怎样？

黑眉锦蛇的耐饥能力很强。我们曾观察过一条体重在575克的中等蛇，出蛰后进食了4只小鼠，总重量为150克左右，以后一直未投食，将此蛇放置在仓房的一角，直至翌年出蛰后再次进食，经正常的饲养后发现一切正常。取得这样的数据纯属破坏性的试验所得，建议养蛇场（户）不要效仿，以免造成不正常的经济损失。

黑眉锦蛇的水分保持力很强，属耐干旱性蛇类。但蛇对干渴的耐受力远不如对饥饿的耐受力，需要经常饮水，特别是炎热的盛夏季节更应该及时补充水分。此蛇喜饮清洁干净的水，对脏水不感兴趣。养殖中发现，该蛇一般在进食后的5～15分钟内饮水。饮水时，唇部先试探性地接触水面，然后便反复鼓动两颊，一口一口地喝，似鱼在呼吸，每次饮水时间为1～2分钟。大部分是一次性吸足，很少有间断性吸饮的。

⑤ 黑眉锦蛇蜕皮有何迹象？

黑眉锦蛇同其他蛇类一样，蜕皮前亦不甚活跃。一般在蜕皮前的6～10天，眼睛灰蓝呈暂时失明状。此时投食其扑咬率很低，可一旦捕住猎物便不再松口，直至吞进腹内。此蛇蜕皮的另一特征是，别的蛇类蜕皮后视力方才彻底恢复，而黑眉锦蛇则在临蜕皮前的2～3天便复明。此蛇蜕与蛇体完全一样，鳞片清楚、斑纹可见，甚至连眼上的角膜也一模一样。蜕皮后的蛇体，体色新鲜醒目，斑纹清晰，人见人爱。

6 入秋后，黑眉锦蛇怎样驱虫？

每年进入秋天后，早晚温差较大，特别是晚间应注意给蛇房保暖了。此季节，已经开口后正常进食的幼蛇，早已成长为健壮可爱的小蛇了，期间蛇房温度宜保持在 28～30℃，青年蛇和成蛇宜保持在 27～28℃。如果温度过低，蛇会出现进食减少或不再进食的情况。低温环境下，即便有的蛇已经进食完毕了，极有可能会再把食物反吐出来，这样不仅会损伤肠胃且于健康十分不利。此外，要想蛇长得好、进食多，除减少瘦弱蛇比例外，在保持蛇房内适宜温、湿度的同时，金秋季节给蛇驱虫便是最适宜的时候。

重点提示一下，给蛇群驱虫仅在成蛇间进行，小蛇可暂时不做考虑，待到第二年春末夏初时再行操作不迟。一般每年进行 2 次人工驱虫为好，除春末夏初驱虫一次外，最好秋季再补驱一次，方为彻底。驱虫后不久多会惊喜发现，那些平时只吃不长、蜕皮不畅和瘦弱蛇尤为受益。蛇群集中驱虫后，有促其进食多、上膘快、蜕皮完整、增强体质并起到抗病防病的作用，于顺利度过漫长冬季十分有益；更为来年青年蛇交配好、产蛋多、受精率高及成活率理想，其他蛇则以健康健状态示人，打下令人欣慰的良好基础。

7 黑眉锦蛇的冬眠状况怎样？

人工饲养条件下，每年的 10 月中旬，气温降至 20℃ 以下即不再进食，于 10 月中、下旬入蛰冬眠，翌年 5 月上旬或中旬出蛰活动，冬眠期长达 7 个月之久。入蛰前未能吃饱的，死亡的可能性很大，有时多达 30%～50%，甚至更多。其冬眠的适宜温度为 3～5℃，湿度为 65%～75%。此蛇亦有冬眠失重现象。

8 幼蛇的食量怎样？

仔蛇孵出后，一般 10 天左右开始第一次蜕皮。仔蛇蜕皮后习惯上称为幼蛇。蜕皮后即能饮水捕食，幼蛇进食量大，捕食频率高，生长发育较其他幼蛇快，一次进食量为其体重的 10%～60%，最多者可接近自身体重。幼蛇喜食乳鼠，捕食方法完全遗传成蛇的习性，甚至比成蛇更聪明。如猎取的部位不对时，能自行在口中调整，无需松口重咬，一般先从头部开始吞食。在多年的饲养观察中发现，在无重大恶劣气候且食物供应充足的情况下，幼蛇在合适的温、湿度环境里均能安全越冬；如出蛰后食物丰富，幼蛇极易成活。

9　幼蛇同成蛇的排泄一样吗？

在同等环境下，幼蛇同成蛇的排泄时间基本上是一致的，大多在进食后的 2～4 天排出粪便。粪便中均有白色的尿酸，并混有残渣，如鼠毛、蛋渣和羽毛等。由于幼蛇进食的食物种类较成蛇单一，故排出的粪便就没有那么多残渣了，但比成蛇吃食勤、排泄次数多。

10　如何避免幼蛇的死亡？

在幼蛇的饲养场地，每天应定时清理未食的死动物、幼蛇蜕及死的幼蛇。水池（盆）内的水应保持清洁、定期更换，若能采用缓缓流动的流水最好。水池（盆）中水面的高度与地面高度不能相差太大，否则幼蛇入水后难以爬上去，会因体力耗尽而死于水中。要经常打扫卫生，及时清除粪便，因幼蛇粪便中含有大量的尿酸（尿酸过多对蛇体有害）。如果蛇窝和蛇房（场）中有超量的尿酸气味弥漫，尤其是在盛夏的阴雨天气，在通风不畅的环境里，幼蛇会因此患上肺炎或重度呼吸道感染，由此引发幼蛇大批死亡。

注：本篇尚未介绍到的有关幼蛇生长、发育和越冬等重要事宜，请参照王锦蛇和乌梢蛇幼蛇养殖的有关情况，因幼蛇的养殖、管理大致上是接近的。

（四）赤链蛇的饲养技术

人工养殖赤链蛇具有成本低、成活率高等优点，因该蛇对湿度、温度和环境等养殖条件的适应能力比较强。因此，只要能达到一般的养蛇条件，即可引进养殖。该蛇泼辣、易管理，特别适宜初次养蛇的朋友。

1　赤链蛇有哪些地方性的别名？主要分布在哪里？

赤链蛇别名红蛇、桑根蛇、红花蛇、红长虫、火赤链、红四十八节、血三更、链子蛇、红斑蛇、红花子、燥地火链、红百节蛇、酱斑等。属后沟牙类毒蛇，该蛇毒液含以血循毒为主的混合毒素。因其毒牙不发达、不外露，一旦被咬伤症状较弱，到目前为止还没有人员伤亡的具体报道。我蛇园养殖该蛇的数十年间，虽咬伤若干人，但从未有过中毒现象。

赤链蛇的分布较广，属广布性蛇类，国内除宁夏、甘肃、青海、新疆、西藏外，其他省（自治区、直辖市）均有分布。

2　赤链蛇有何特征和习性？

赤链蛇头扁大，呈明显的三角形，头部黑色，头部鳞缘呈红色，吻鳞高，从背面可以看到。体背面黑色，有约70条狭窄的红色横斑纹。体两侧为散状黑斑纹，腹鳞外侧有黑褐斑，腹面呈淡黄色或白色。尾短细，为标准的毒蛇尾状，有时尾下全呈灰黑色。此蛇属中型蛇类，体长可达1.5米以上，体重达1 000～1 250克，最大者可达1 500克。

赤链蛇主要栖息在田野、村庄、住宅及水源附近，在村民住院内也常有发现。多在傍晚出来活动，属夜行性蛇类。晚上22：00以后活动频繁，平时性情比较温和，白天蜷曲不动,常将头部盘缩在身体下面。不主动攻击人，性懒不爱动,爬行缓慢。但在受到惊吓时行动敏捷，扑咬目标准确。主要以蟾蜍、淡水小杂鱼、泥鳅、雏鸡、幼鸟及鼠类为食。此蛇有食蛇习性，在食物供给不足时吞食同类，养殖时应加以注意。此蛇繁殖系卵生，5～6月交配，7～8月产卵；每产7～15枚，孵化期40～50天。

3 **赤链蛇有何摄食习性？**

赤链蛇的食欲旺盛，每隔7～8天便要摄食一次。重500克左右的蛇，每次可吞食2～3条小杂鱼，多者可达5条。几十厘米长的小幼蛇亦能吞食较大的蟾蜍。在吞食的过程中，可能会出现相互咬伤或吞食现象，在食物缺乏时尤为明显。这就要求在饲喂时有专人守候，有人在旁并不影响其进食。遇有这种情况，要捏住其中一条蛇的颈部让其松口，强行松开；或采取前面已经介绍过的"一把小剪刀，巧分争食蛇"方法。

在喂养时，可轮换喂些水蛇、杂蛇、老鼠和泥鳅等，尽量使投饵多样化。赤链蛇吞食后喜欢静卧，此时不要惊扰它。如果受到过分惊吓，会将腹内的食物吐出来，即使吞吃了一条同类也不例外。有关赤链蛇经驯化后吃死食的做法和方法，前面已有详述，此处就不赘述。

4 **赤链蛇易生病吗？**

赤链蛇在适宜的环境中很少生病，是人工养殖的种类中死亡率较低的品种，其生命力较强，这也是人们大量养殖该蛇的主要原因。不过该蛇在冬眠后期或出蛰活动后不久常伴有口腔炎的发生。应加强消毒，并及时隔离治疗，以防相互传染。蛇场、蛇窝在盛夏季节和雨季，要保持清洁和干燥。环境湿度一旦达到85%以上时，此蛇易患霉斑病。此病对该蛇的危害性大，不亚于肺炎的危害程度，具体的治疗可参照后文。

为了更好地消除和预防上述蛇病，在饲养季节蛇场内要经常打扫卫生，定期更换饮用水。避免场内、窝内过分潮湿，保证蛇场通风，并定期给予全方位彻底消毒，即连续消毒7～10天，每天早晚各1次。

5 赤链蛇的越冬情况怎样？

赤链蛇属耐寒机能较强的蛇类。在我蛇园自创的"多层立体式地下蛇房"内越冬，健康蛇的死亡率几乎为零，体重不足 200 克的除外。整个冬季，存放有赤链蛇（大、中、小均有）的地下蛇房温度始终保持在 3～8℃，直至翌年春天冬眠结束后，发现死亡的赤链蛇均是比较瘦弱或蜕皮不干净、体重不足 150 克者，其成活率未达到 80％。健康幼蛇的成活率与此差不多。

以上赤链蛇冬眠事例再次证明，冬眠前蛇体的整体检查和分级工作至关重要。坚持售劣留优的原则，是保证冬眠期高成活率的关键所在。

（五）蝮蛇的饲养技术

蝮蛇是我国各地均有的一种小型毒蛇，除食用外，有较高的医药价值。蛇胆、蛇皮都是上等的中药材，在临床上应用已有悠久的历史；毒液是畅销药品——蝮蛇抗栓酶的主要原料。蝮蛇种源易得，适应性特别强，养殖方法技术简单、易掌握，是人工饲养比较普遍的蛇种。但大规模人工养殖及对蝮蛇进行深入科学的研究则是近年来才开始的。此蛇也是生产纯蛇粉的主要原料之一。

1 蝮蛇有哪些地方性的别名？主要分布在哪里？

蝮蛇别名七寸子、土公蛇、草上飞、烂土蛇、地扁蛇、土球子、烂肚蝮、狗屎卷、白花七寸倒、地灰扑、铁树皮、灰链鳖、狗屎蝮和土皮蛇等。我国有 6 种蝮蛇，东北三省有两种，即白眉蝮蛇和黑眉蝮蛇（蛇岛蝮蛇）；另外 4 种是内蒙古一带的草原蝮蛇、新疆等地的高原蝮蛇、江浙一带的短尾蝮蛇和尖吻蝮蛇。蝮蛇是我国分布最广、数量最多的一种毒蛇。

2 蝮蛇有哪些主要特征和习性？

蝮蛇的主要特征是头部呈三角形，有颊窝，体型较小，尾较短细。体背灰褐色或土红色，交互排列褐色圆形斑，亦有深浅相同的横斑及分散不规则的斑点，体侧有一列棕色斑点。腹面呈灰白或灰褐色，杂有黑斑。由于蝮蛇分布广，因此色斑的变异也较明显，主要随所栖环境干燥或湿润而有浅淡或深暗之分。其鳞片最显著的特征是鼻间鳞短而宽，体侧尖细，可与其他蛇种相区别。蝮蛇具管状毒牙 1 对，平时卧于口中，张嘴时则随之直立而起，咬住敌害部位。

蝮蛇生活在平原、丘陵、低山区或城镇结合部的田野、溪沟边和坟丘、灌木丛、石堆及草丛中，多盘曲成团，如狗屎样，故有"狗屎卷"和"狗屎蝮"之称。蝮蛇属晨昏性蛇类，早晨和傍晚活动频繁。其食性很广，是广食性的蛇类，淡水鱼、蛙、蜥蜴、鸟、鼠类等均是蝮蛇喜爱的食物，该蛇也有食蛇习性。生殖方式为卵胎生，每年的5～6月为交配期，每胎产 7～15 条或更多仔蛇，产仔期在 8～10 月，初产仔长 14～17 厘米。

3 蝮蛇的投种密度和注意事项如何？

蝮蛇饲养投种密度以每平方米不超过 15 条为宜。养殖方式有池养、室内养和场地养（含立体养殖）3 种方式。少量的试养可采用池养，池上面需加盖能透气、易观察的纱网或铁丝网，以防逃逸。蛇在野生状态下为自由分布，一旦集中放入蛇池或蛇场，初期会很不适应，往往在墙角、水池的出入口或围墙排水口处打堆乱挤。如投放的密度较大很容易压死下面的蛇，如不及时分开，一夜过去被压死在下面的蛇有时多达数千克。为防止蝮蛇这种初进场的打堆行为，饲养人员应及时将聚堆的蝮蛇挑开，向场内的石堆及蛇窝处分散。尤其是投蛇后第一个晚上，要安排人 24 小时值班，协助它尽快找到藏身位置，人为减少投种后的死蛇现象。若大批投种，最好分批投放，以使它尽快寻觅到归宿。天气突变时，蝮蛇也易出窝打堆，遇有这种情况要及时处理，以防意外。蝮蛇不同饲养密度的平均成活率见表7。

表7　蝮蛇不同饲养密度的平均成活率（％）

年　　　度	16条/米²	32条/米²	48条/米²
试验第一年	80.20	75.20	50.40
试验第二年	80.34	75.75	49.84
试验第三年	84.00	80.00	53.00
平　　　均	81.50	76.98	51.08

4 蝮蛇摄食有何特点？

蝮蛇属惰性蛇类，喜静不喜动，活动比较缓慢笨拙，捕食常采取突然袭击的方式，即选择舒适位置盘蜷不动，头在中间并稍稍抬起。由于身体有以假乱真的保护色而不易被小动物发现，当有蛙、鼠或小鸟等食饵从其身边经过时，蝮蛇通过颊窝和舌头很远就能发现。一旦达到捕捉距离即突然弹出头部攻击，用毒牙迅速咬住猎物稍等片刻才松口。猎物被咬后即刻中毒，挣扎动作缓慢，蝮蛇跟随其后直到动物不能动时才慢慢吞食。

在人工饲养条件下，蛇园内可饲养一些蝮蛇喜食的小动物，供其自由捕食。无论是长江流域的蝮蛇，还是产在东北的北方蝮蛇，大多喜欢捕食鱼类。饲养季节可每天傍晚将购来的淡水小杂鱼摊在木板上或地板砖上，放在蝮蛇经常出没的地方及蛇窝附近，蛇嗅到鱼腥味即刻出窝觅食，有时会倾巢出动，场面十分壮观。大规模饲养蝮蛇时，根据蝮蛇对鱼腥味有较强的识别能力这一特性，可将动物的下脚料如猪肺等切成小块与碎鱼块混合搅匀后，大部分蝮蛇十分爱吃。但也有一少部分喜食活的动物，对人工投放的死食不太感兴趣，这部分蛇可去饲料池捕获活的小鱼、泥鳅或蛙类。饲养中不提倡人工填喂。一旦形成规模(哪怕是小规模)，填喂是不现实的。只是有针对性地对某些特殊的蝮蛇进行试填，而且要在室内长期饲养，以便于观察，发现不适立即停填。蝮蛇对不同饲料摄食性调查见表8。

表8　蝮蛇对不同饲料的摄食性调查

饲料名称	单位	投入食物数	食下量	食下率（%）
小　鼠	只	50	29	58
青　蛙	只	50	31	62
小杂鱼	条	50	42	84
泥　鳅	条	50	38	76
生猪肉丝	克×堆	30×30	0	0
柞蚕幼虫	只	30	0	0
桑蚕幼虫	只	30	0	0
蝌　蚪	个	200	0	0
鹌鹑蛋	个	30	0	0
雏　鹑	个	30	0	0

5 蝮蛇有何食性和消化特点？

　　蝮蛇的食性与栖息场地能提供的食物种类有关，很容易形成惯性食物。在人工饲养条件下也是如此，这是大规模养殖较易成功的根本所在。蝮蛇的食欲较强，且进食量也大，一条成年蝮蛇可连吞3～5只麻雀或小鼠等。但其消化食物的速度很慢，每吃一次要经过5～6天才能消化完毕，消化的高峰多在进食后的1～2天。蝮蛇的消化速度与饲养环境温度有直接关系。当温度达到25～28℃时，消化最快；低于15～18℃时，消化缓慢；低于10℃时，则不吃食物，给其强行填食也不消化，很快便吐出来。在不太饥饿的情况下，一般不捕食；30℃以上进窝栖息不动，直至温度适宜方才出窝觅食。

6 蝮蛇的耐饥能力怎样？

　　蝮蛇的新陈代谢率极为缓慢，如饱食一次后不受惊扰，在供水充足的情况下，即使不进食也能存活较长的时间，只是瘦得皮包骨头了。蝮蛇的耐饥能力仍与饮水有关。在供水条件下可耐饥80～

392 天，但体重平均要减少 24.7％；在不供水的条件下也能生活 34～107 天，体重平均减少 33.6％。即使是刚出生的小蛇，在只供水、不供食物的情况下，亦能活很久。由此可见，蝮蛇对食物有很高的利用率和很强的耐饥力。

7 *养殖中南北有何活动差异？*

蝮蛇的活动有一定的自然规律，属晨昏性蛇类。大多傍晚 17：00 左右出窝活动捕食，至上午 9：00～10：00 回窝休息。但我国地处温带、热带及亚热带，一年四季寒暑变化明显，蝮蛇的活动也表现出明显的南北地域差异。长白山地区的蝮蛇冬眠期比较长，从 10 月上旬开始入蛰，到翌年 5 月上旬才陆续出蛰，冬眠期为 7 个月左右；而处在南方地带的蝮蛇活动期较长，从 3 月末至 11 月末，长达 8 个月之久，且 5～10 月为活动、觅食、蜕皮和增重的高峰期。

蝮蛇一般在出生后 2～3 年达到性成熟，雄性蝮蛇比雌性蝮蛇成熟早，小型蝮蛇比大型蝮蛇成熟早。生活在北方寒冷地带的蝮蛇性成熟要晚些，尤其是产地在东北地区的，性成熟时间还要延迟；而南方的蝮蛇性成熟要提早许多，这是最为明显的南北差异。此外，北方蝮蛇冬眠的死亡率有时高达 43％以上，而南方蝮蛇则低于这个数。蝮蛇在自控温室的越冬成活率见表 9。

表 9　蝮蛇在自控温室的越冬成活率

年　度	温度（℃）	湿度（％）	越冬数（条）	成活数（条）	成活率（％）
第一年	1.5～6	68～75	30	19	64.9
第二年	1.5～6	60～70	200	123	61.5
第三年	2～8	70	600	424	70.7

在此值得一提的是，一天之中如果气温变化较大，蝮蛇的活动时间也不尽相同。天气冷时，它只在中午前后出窝活动；气温达到 25℃以上时，在上午 9：00 和下午 15：00 活动较多；在气温超过 30℃以上时，则于清晨和黄昏活动频繁，中午却很少出来活动。

8 温度是决定蝮蛇活动的主要因素吗？

蝮蛇是变温动物，温度是决定蝮蛇活动的一个主要因素。因其体温随着气温的升高而上升，当外界气温升到 28～30℃时，常常盘曲不动；高于 30℃以上即开始骚动不安，呼吸加快；高于 36℃则有剧烈窜动行为，呼吸急促；一旦高于 40℃时，即会出现大批死亡。虽然蝮蛇可以生活在 2～38℃的范围内，但其最佳的生长温度为 20～28℃；低于 10℃时无进食欲望，5℃以下便会进入冬眠。蛇岛蝮蛇的耐寒能力强于东北蝮蛇，气温在 4℃以下也出来活动，0℃才是它的活动最低限度。

9 蝮蛇是如何繁殖的？

蝮蛇的繁殖方式和大多数蛇类不同，系卵胎生。蝮蛇的胚胎在雌蛇体内发育成熟，仔蛇生出后就完全可以独立生活。由于蝮蛇这种生殖方式，使胚胎能受到母体更好的保护，所以其成活率很高（9月以前出生的），对人工养殖非常有利。雌蛇产仔后体重明显减轻，产仔前、后雌蛇的体重比较见表 10。

表 10　产仔前、后雌蛇体重比较

年龄组	雌蛇（条）	平均产前重（克）	平均产后重（克）	窝仔重（克）	失重（克）
A	8	57.65	38.91	7.50	11.24
B	49	70.21	45.54	8.52	16.15
C	37	85.82	52.11	10.62	23.09
D	8	98.78	61.91	8.64	28.23
总数	102	312.46	198.47	35.28	78.71

从表 10 中可以看出，雌蛇产后的失重率与繁殖年龄和窝仔重明显相关。蛇龄小、窝仔重小，失重也少；反之则失重多。每年的 5～9 月为蝮蛇的繁殖期，每条雌蛇可一次连产 10 余条仔蛇。初生仔蛇一般体长 14～19 厘米，个别体长者达 20 厘米以上；体重多在 7～12 克。新生仔蛇当年蜕皮 1～2 次，体长增加 1 倍，体重增至 2

倍以上，就可以安全越冬。

10 初生仔蛇与成蛇及其他幼蛇有何不同？

初生仔蛇色斑差异很大，有人曾对100条孕蛇产出的仔蛇进行统计，其中33%左右的色斑不同于母体。有的同一窝仔蛇有两种色斑，还有少数是一窝三种色斑的。

与其他幼蛇明显不同的是，刚出生的仔蛇能马上爬行，以摆脱残余卵黄和蹭断脐带，一般10分钟后仔蛇便进行第一次蜕皮。蜕皮后的仔蛇体色鲜艳，色斑明显，尾尖呈黄色，腹部有脐孔和脐沟。蜕皮后的仔蛇活动迅速，反应灵敏，稍受惊动后便有强烈的攻击行为，能咬死并吞食比其体重稍大的幼蛙和幼鼠，并有毒液分泌。因此，不要徒手去捉拿，以免被咬中毒。

11 如何降低仔蛇越冬的死亡率？

仔蛇出生后，一般当年的体重和体长变化不是太大，只有到第二年的活动高峰期，体重和体长才有明显的增加。特别是9月以后出生的仔蛇，由于冬眠前大多没有进食机会，所以越冬及翌年的死亡率相当高，达50%以上。为了避免仔蛇越冬出现过多死亡的现象，必须在越冬前让其有足够的营养积累，脂肪积累率要达到7%以上。出蛰后，要马上提供其喜食的饲料和饮水。此外，仔蛇越冬的温度宜保持在2～6℃。若在0℃以下时，仔蛇易死亡；温度高于冬眠温度时，仔蛇活动量会加大，体内的营养消耗较多，势必造成翌年仔蛇较高的死亡率。湿度也是影响仔蛇死亡率的另一关键性问题，越冬环境的湿度宜在65%～75%，大于这个数字，仔蛇易患皮肤霉烂病而死亡。在仔蛇的越冬期，一旦有鼠类入侵冬眠场所，也是危害仔蛇生存的另一大敌害，必须采取防范措施。

12 饲养季节怎样管理幼蛇？

在日常的饲养管理中，无论怎样细致和努力，幼蛇生病总是在所难免的。特别是冬眠过后，幼蛇的体质相当虚弱，更容易染上疾病。因此，要注意搞好蛇场卫生，预防发生疾病。蛇窝里铺垫的沙土要经常更换，长期保持其干燥；饮用水要洁净无污染，特别是盛夏酷暑季节，由于幼蛇活动频繁，饮食较多，产生的粪便也多，加上有些吐出的食物残渣或咬死后没有吃完的动物尸体，极易腐败污染蛇场和水源，更要勤扫勤换。定期检查蛇窝内的温、湿度以及蛇的健康状况，发现病蛇应及时隔离治疗，以免传染其他健康的幼蛇。幼蛇最好的饲料是蝌蚪和小泥鳅，应定期保证投喂。幼蛇一般每年蜕皮 2～3 次。蜕皮期相对湿度应在 60%～65%，切忌太干燥，影响幼蛇正常蜕皮。

13 幼蛇投喂注意什么？

刚出壳的幼蛇，7～10 天内不进食，多靠卵黄维持营养与消耗；待 10 天后才开始少量进食，但对食物比较挑剔。据观察，第一年秋天产下的幼蛇，即使当年吃不到食物，大部分也可成活。第二年 6 月中旬开始投喂蝌蚪和小泥鳅等食物，到 10 月中旬，仔蛇的成活率可达 50% 以上，平均增重 3.3 克，体长增长 7.13 厘米。饲喂时发现幼蛇对鸡蛋、蚯蚓、蚂蚱、黄粉虫及蛹都不吃，硬填也吐出来，没吐出来的也因不适应而死亡。但幼蛇食蝌蚪和小泥鳅，也爱喝葡萄糖水，常喝有助身体发育。对自然采食能力弱或拒食的幼蛇可人工填喂，具体的填食量取决于该蛇的第一次捕食量。气温降至 15℃ 以下时不宜填食，否则会引起呕吐和消化不良。

对患有口腔炎的幼蛇，在填食前可用 0.05% 的高锰酸钾或生理盐水冲洗掉口腔中的脓血。填食后，幼蛇会大量饮水。因此，必须供给足够的清水，并在水中加入少量抗生素，以利于预防幼蛇发生病害。

幼蛇的投食频率要根据其在不同季节的代谢情况而定。早春和晚秋的气温稍低，幼蛇活动迟缓，代谢较慢，进食后 10～15 天才能排出粪便。6～9 月是幼蛇的活动高峰期，其食欲强、代谢快，食后 4～7 天便有粪便排出。若人工填喂，一般在粪便排出 5 天后再进行下次填喂。幼蛇食性调查见表 11。

表11　白眉蝮蛇仔蛇食性调查

食物种类	饲养仔蛇数（条）	采食情况	存活时间	反　应	成活率（%）
鸡　蛋	10	个别食	1个月	身上有症状	0
蚯　蚓	10	不食	1～4个月	干瘪而死	0
葡萄糖水	10	喝	20天	腹泻	0
蚂　蚱	100	不食	1～5天	瘦弱	0
蝌　蚪	100	部分吃	6个月部分死亡	增重	57
黄粉虫蛹	3	填入	1个月	肠梗阻	0
黄粉虫	3	填入	1个月	肠炎	0
鸡　蛋	10	填入	3个月		0
泥　鳅	10	填入	6个月	增重	50

14　采毒是否影响蝮蛇的成活率？

　　毫无疑问，过分采集蛇毒肯定会影响蝮蛇的成活率。养殖的蝮蛇不采毒的成活率虽高，但没有经济价值；一年中如果采一次毒，效益较低；采三次毒效益虽好，但成活率又有所降低。因此，专家认为蝮蛇每年两次采毒比较适宜，成活率可达80%左右。在保证取毒量又不影响蛇体健康的前提下，间隔时间在1个月以上。不同取毒次数与蝮蛇的成活率见表12。

表12　不同取毒次数与蝮蛇成活率的关系（%）

年　份	不取毒	取1次毒	取2次毒	取3次毒
第一年	85.50	82.5	79.50	69.50
第二年	86.00	84.5	79.00	65.50
第三年	86.88	85.0	80.50	65.00
平　均	86.12	84.0	79.66	66.66

15　蝮蛇排毒受哪些因素影响？

　　性别、个体大小、饲养方法、分布地域及不同的采毒月份等，均是影响蝮蛇排毒的重要因素。以分布在北方的蝮蛇性别来讲，雌性蝮蛇的排毒量略高于雄蛇，具体的对比情况见表13。野外的野生蝮蛇和蛇园饲养的蝮蛇排毒量也有明显差距，对比见表14。

表 13　雌、雄蝮蛇排毒量比较

性　别	条　数	平均干毒量（毫克）	含水量（%）
雌　蛇	101	20.47	71.8
雄　蛇	109	174.71	70.2

表 14　野外蝮蛇和蛇园饲养蝮蛇排毒量比较

采毒蝮蛇的来源	平均每条干毒量（毫克）	含水量（%）
野外 28 条	20.12	71.9
蛇园 28 条	16.31	76.8

另外，蝮蛇个体大小与排毒量的关系更为明显。通常情况下，个体较大蝮蛇的平均排毒量是个体小者的 5 倍左右。如体长 30～39.9 厘米的，平均每条每次排毒为 6.24 毫克；体长 40～49.9 厘米的，平均每条每次排毒量为 17.45 毫克；而体长 50 厘米以上者，平均每条每次的排毒量多达 31.98 毫克。因此，同样是被蝮蛇咬伤，个体大小的排毒量却有着较大的差异。蝮蛇的适宜采毒季节是在每年的 6～9 月，但以 7～8 月为最佳月份，分布在南方的蝮蛇可适当提前。因蝮蛇在这个时期大量捕食，且体质健壮、比较活跃，其产毒量也高，但其蛇毒量与蛇本身代谢率高低密切相关。如进食不久的蝮蛇，其蛇毒已消耗很多，必然导致排毒量明显降低；若是蝮蛇长期未进食物，其蛇毒的积累量便明显增多。

16 被蝮蛇咬伤后应服用哪些蛇药？

蝮蛇是我国剧毒蛇类中分布最广的一种，约占各类毒蛇咬伤的 50% 以上，其中在江苏、浙江两省及东北林区的危害最大。为此，必须充分认识到防治蝮蛇咬伤的重要性。下面将蝮蛇咬伤常用的中成药详述如下：

（1）南通蛇药和解毒片（片剂）　适用于各种毒蛇咬伤及蝎子、蜈蚣等毒虫蜇、咬伤，特别适用于蝮蛇咬伤。

用法：首次量各 20 片。先将药片捣碎，用酒 50 毫升（不饮酒者可用开水吞服）加等量温开水，以后每隔 6 小时服 10 片。

（2）上海蛇药（片剂、针剂）　对蝮蛇、五步蛇、蝰蛇、烙铁头、竹叶青等咬伤均有效。

用法：可单独使用，如与冲剂配合使用疗效更佳。首次服 10 片，以后每小时服 5 片，病情减轻可改为每 6 小时服 5 片。一个疗程 3～5 天，病情较重可酌情增加。

若使用本药的针剂，可 1 号注射液和 2 号注射液结合使用，其功效与片剂相同，与冲剂配合使用疗效更佳。1 号注射液第一天每 4 小时注射 2 毫升，以后每日 3 次，每次 2 毫升，总量20～30 毫升。一般给予肌内注射，必要时可以加入 5%～10% 葡萄糖溶液 500 毫升中实施静脉滴注，或用 25%～50% 葡萄糖溶液 20 毫升稀释后静脉缓慢推注。使用 2 号注射液每 4 小时或 6 小时肌内注射 2 毫升，一个疗程为 3～5 天。

另外，冲剂配合片剂和注射液一起，作用效果更佳。首次服 2 包，开水冲服，以后每日 3 次，每次 1 包，一个疗程为 3～5 天。

（3）蛇伤解毒片（注射液）　对我国常见毒蛇咬伤均有效。

用法：片剂首次 20 片，以后每 4～6 小时内服 7～10 片，中毒症状好转后酌情减量，连服 5 天。针剂首次 8 毫升，在伤口周围及结扎上端注射，以后每 6 小时 1 次，每次肌内注射 6 毫升，全身中毒症状减轻后改为口服片剂。

（4）群生蛇药（水剂、针剂）　适用于蝮蛇，亦可用于五步蛇、眼镜蛇、竹叶青、烙铁头、银环蛇等毒蛇咬伤。

用法：水剂首次服量为 20 毫升，以后每次 10 毫升，每日3～4 次。针剂首次 4 毫升，以后每次 2 毫升肌内注射，每日4～6 次。重症患者酌情增加剂量，儿童剂量酌减。水剂和针剂视中毒病情需要，可单独或合并使用。

（5）广州蛇药（7118＃蛇药为片剂） 适用于蝮蛇、银环蛇、眼镜蛇、眼镜王蛇、竹叶青等的毒蛇咬伤。

用法：首次 14～20 片，重症者首次加倍，以后每 3～5 小时 7 片，用温开水送服。

（6）祁门蛇药（片剂） 适用于蝮蛇、五步蛇、竹叶青、眼镜蛇、金环蛇、银环蛇咬伤。

用法：首次 12 片，每日 4 次，以后每次服 8～10 片。

（7）青龙蛇药（片剂） 对各种毒蛇咬伤有效，对毒蜂、蜈蚣等蜇伤也有疗效。

用法：每次服 10～20 片，每日 4～6 次，冷开水吞服，首次用量加倍。

（8）精制抗蝮蛇毒血清（注射液） 该药是从免疫马的血清中提纯出来的。为了防止过敏反应，用前可作皮试。使用中，同时加入地塞米松 10～30 毫升注射，可减少或减轻过敏反应的发生。

用法：取该血清 6 000 单位，加入 5%～10% 葡萄糖或生理盐水静脉滴注。

在蝮蛇咬伤出现少尿期，临床报道认为应用抗蝮蛇毒血清仍有助于减轻或消除肾实质性损害。

（六）蟒蛇的饲养技术

蟒蛇是较原始的蛇种之一，在其肛门两侧各有一小型爪状痕迹，为退化后肢的残余，现为国家一类重点保护的野生动物。蟒蛇还是世界上蛇类品种中最大的一种，长达 5～7 米，最大体重在 50～60 千克。

1 蟒蛇有哪些地方性的别名？主要分布在哪里？

蟒蛇别名南蛇、黑尾蟒、金花蟒蛇、印度锦蛇、琴蛇、蚺蛇、王字蛇、埋头蛇、黑斑蟒、金花大蟒等，属无毒蛇类。

蟒蛇主要分布在广东、广西、云南、海南、福建等省（自治区）。

2 蟒蛇有何特征和习性？

蟒蛇的主要特征是体形粗大而长，是世界上最大的较原始蛇类，具有腰带和后肢的痕迹。在雄蛇的肛门附近具有后肢退化的明显角质距，但雌蛇较为退化，很容易被忽略。另外，它有成对发达的肺，较高等的蛇类却只有 1 个或 1 个退化肺。蟒蛇的体表花纹非常美丽，对称排列呈云豹状的大片花斑，斑边周围有黑色或白色斑点。体鳞光滑，背面呈浅黄、灰褐或棕褐色，体后部的斑块很不规则。蟒蛇头小呈黑色，眼背及眼下有一黑斑，喉下黄白色，腹鳞无明显分化。尾短而粗，且有很强的缠绕性和攻击性。

蟒蛇属于树栖性或水栖性蛇类，生活在热带雨林和亚热带潮湿的森林中，为广食性蛇类。主要以鸟类、鼠类、小野兽及爬行动物和两栖动物为食，其牙齿尖锐、猎食动作迅速准确，有时亦进入村庄农舍捕食家禽和家畜。有时雄蟒也伤害人。卵生，每年 4 月出蛰，6 月开始产卵，每产 8～30 余枚，多者可达百枚，卵呈长椭圆形，每卵均带有一个"小尾巴"，大小似鸭蛋，每枚重 70～100 克，孵化期 60 天左右。雌蟒产完卵后，有盘伏卵上孵化的习性。此时若靠近它，性凶容易伤人。

3 怎样养好新购蟒蛇？

新引进的蟒蛇有一个熟悉、适应新环境的过程。刚入场的蟒蛇对活鸡、活兔、活鼠、鸟雀等完全拒食，此时不要急于强行人工填喂。对体质弱且日渐消瘦的蟒蛇，可在 10～15 天后采取人工填喂。体重在 20～25 千克的，每次可喂精牛肉 1～1.5 千克。填喂前，要先将瘦牛肉剔去筋骨和皮膜，然后切成小的条状或块状，肉块的具体大小应视蟒蛇形体大小而定。切好的肉块需投入沸水锅里滚一滚后捞出，可起到消毒祛腥的作用。待肉块完全凉透后，就可以用来填喂蟒蛇。强行填喂会使蟒蛇经受很大的刺激，故填喂前可将 2～3 个鸡蛋液涂抹于肉块上，使其润滑而顺利吞下。

大部分蟒蛇会在 1 周后自行取食。蟒蛇体大性惰，行动迟缓。

大多情况下，它是处于静止栖息的状态中捕食猎物的。一旦猎物靠近时便用突然袭击的方式咬住，并用身体将其缠绕致死，然后从猎物的头部开始吞食。蟒蛇昼夜均有活动，但在饲养中大多见其夜间捕食，这可能与夜晚环境安静有关。另外，蟒蛇嗜食鼠类和蛇类，饲养时不妨投其所好。它一次可以吞食与自身体重相当或超过自身体重的大型动物，如家禽、家畜等，应尽量满足供应，让其早日适应新环境。

4 *活动期怎样管理蟒蛇？*

蟒蛇喜热怕冷，尤喜在湿热交加的环境中生存。一般说来，活动期最适宜的温度范围是 20～30℃，饲养最佳温度是 25～28℃；环境相对湿度为 50%～80%。若温度过低，蟒蛇不愿活动；温度过高，又易造成死亡。因此，在盛夏季节来临之前，要提前落实好遮阳设施，避免阳光直接暴晒。因蟒蛇有在树荫下盘成一团或横躺在阴凉处静止不动的习惯，要给予满足。此外，蛇场、蛇窝的湿度不宜过大，否则会引起蟒蛇周身水疱和局部皮肤溃烂；但也不能过于干燥，使之不能正常蜕皮，影响正常的生长和增重。

每年秋季，当外界气温逐渐降至 20℃ 左右时，蟒蛇的外出活动量明显减少。此季的昼夜温差变化比较明显，在炎热的中午，由于场内的环境温度仍是很高，未见有蟒蛇出窝活动。对个别夜晚不回窝内的蟒蛇，应人为收进内室，以免温差太大而影响其正常活动。对于蟒窝舍建在室外的，此季应做好保湿和增温工作。

另外，蟒蛇喜游泳，喜欢将身体缠绕在树上。嗅觉敏感，对某些气味又特别厌恶。若将葛藤投给蟒蛇即驯服不动，这就是饲养场地不能栽种葛藤的主要原因。

5 *蟒蛇的生长、发育与温度有关吗？*

蟒蛇的生长发育与其他蛇类一样，亦受温度的直接影响。在适当的温度范围里，温度稍微偏高一些，蟒蛇的生长发育较快。温度不但影响其新陈代谢的速度，而且也影响着觅食和捕食的频率。蟒蛇进食后喜欢盘卧在温度较高的地方，这样可以助其消化。如果温度突然下降，相应的保温措施又没能及时跟上，蟒蛇会把吞进去的食物吐出来，并在短时间内很难再次恢复捕食。因此，在蟒蛇的饲养过程中，应尽量保持适宜其生长的温度环境，以利于其增重，并且蜕皮的次数也多。

6 怎样预防蟒蛇的常见病？

人工饲养蟒蛇时，要注意寄生虫给它带来的危害。如在蟒蛇鳞片的缝隙中常寄生有扁虱，它对蟒蛇的危害极大，可使蟒蛇患痘疮等疾病。寄生有扁虱的蟒蛇，常表现为无精神、不爱活动、经常吐食，蜕皮时不呈片状。因此要经常给蟒蛇洗浴，保持其身体的洁爽。并经常检查，一旦发现应立即人工摘除，再涂抹些植物油以防其蔓延扩散。

蟒蛇的胃和肠道里常寄生有蛔虫，病症较重的蟒蛇可引起肺炎、肺脓肿和呼吸道感染，这些均会导致死亡。有蛔虫的病蟒常表现为进食不正常，即使勉强进食也会把食物吐出来。蛔虫为害的高峰期，会发现蟒蛇不停地点头，有时还会从气管里喷出带有泡沫的痰或黏液等。一经发现蟒蛇有蛔虫寄生时，要立即对其进行驱虫治疗。驱虫方法可参照后章的蛇类驱虫疗法，用药剂量须根据蟒蛇的体重及病情而定。驱虫预防最好每年 2 次，春季和秋季各进行一次。亦有人认为，蟒蛇驱虫的最佳时机在盛夏。

肺炎是引起蟒蛇死亡的主要疾病，对蟒群的危害较大，常易引发大批死亡。蟒蛇患此病后，有气喘、流泪、口吐白沫、不停饮水等迹象。一经发现应立即抓出隔离治疗，治疗时最好使用抗生素，如青霉素、链霉素等进行肌内注射，每天 1～2 次，10～15 天可望治愈。如发现较晚，则治愈的可能性不大。

7 怎样鉴别蟒蛇雌雄？

蟒蛇体重达 5 千克以上时即达到性成熟。可以从外形上进行雌雄鉴别。雄蟒靠近肛门的那段尾巴较为膨大，尾巴自前往后渐渐变细；雌蟒则肛门后尾部膨大不明显，尾巴在肛门之后突然变细。另外，雄蟒在肛门两侧有明显的后肢残余痕迹，雌蟒则无；雄蟒的肛门后数厘米处若用手指挤压并由后往前平摊，会露出两条有肉质倒刺的交接器，雌蟒则没有。在人工饲养状况下，雌、雄蟒蛇的比例搭配为 1∶3 较为适宜。

8 **怎样给幼蟒投饲？**

初出壳的幼蟒可以立即活动，但对所投小动物不感兴趣，经过第一次蜕皮后才开始吞吃食物。给幼蟒初次投饲时，应喂给它们能够吞吃掉的活体小动物，如小的蛙类、鼠类、鸟类和鸡雏、鸭苗等。幼蟒习惯吞食后，可将瘦牛肉切成小块喂给它。无论是投喂活体的动物还是精肉块（条），一定要搭配饲喂，否则易引起营养不良，影响其正常的生长发育。在正常饲养情况下，一个半月后的幼蟒可以喂给较大的食物，再饲喂一段时间后可与大蟒一同饲养。有人发现，幼蟒进食喜欢在光线偏暗的环境下进行，因此要尽量予以满足。

9 **幼蟒的长势怎样？**

蟒蛇是蛇类中生长发育速度最快的。如果在室内加温养殖幼蟒，全年的饲养温度控制在 25～28℃时，幼蟒生长良好，发育较快。幼蟒出壳时体重在百十克，经一年饲养可增重到 1 千克，三年达 3 千克以上，达到性成熟后可用于再繁殖。

冬养蟒蛇时，宜两周给幼蟒进行一次温水浴。洗浴时需三人配合，一人托头，一人抬蟒身，另一人给幼蟒洗浴。水温以入手不觉烫即可。在洗浴的同时，应顺便将幼蟒未曾蜕掉的老皮慢慢剥落，洗后即放入内室，可用棉被将其包裹起来，但不能连头包住。

10 **幼蟒需要添加辅助药物吗？**

蟒蛇在野生环境下，食物的选择性很强，人工养殖的局限性则很大。如果投喂的食物种类较少，幼蟒摄取的营养相对来说不全面，最好能人为地给予补喂。如在幼蟒的食饵中间接或直接地加入维生素 A、复合维生素 B、维生素 D、维生素 E 等，对其脂肪有保护作用，可进一步增强幼蟒的生长发育。一般一年 2 次，在春秋两季各用 1 次。维生素 C 有抑制幼蟒肺部和肠道寄生虫的作用，不妨适当饲喂一些。维生素 B_{12} 注射液可增强幼蟒的体质，对瘦弱或不主动进食的幼蟒，应定期给予注射。另外，定期驱虫不能忽视。

（七）眼镜蛇的饲养技术

眼镜蛇是眼镜蛇科的一种剧毒蛇，是主要的食用、药用蛇之一。人工饲养眼镜蛇其一是为采毒；其二是为饲养一段时间后，赚取季节差价；其三是为观赏。

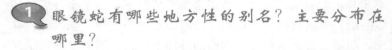

1 眼镜蛇有哪些地方性的别名？ 主要分布在哪里？

眼镜蛇别名过山风、琵琶蛇、饭铲头、山万蛇、吹泡蛇、扁头风、牛皮蛇、膨颈蛇、白颈鸟、犁头蛇、吹风蛇、蝙蝠蛇、万蛇、乌肉蛇、犁头扑、扇毒风、吹风鳖、饭匙头等，属前沟牙类毒蛇。

眼镜蛇主要分布在湖南、湖北、广东、广西、福建、浙江、安徽、江西、贵州、云南、海南、四川和西藏等省（自治区）。

2 眼镜蛇有何特征和习性？

眼镜蛇在受到惊吓或被激怒时，易采取一种特殊的攻击姿态，即能将前半身竖起，头平直向前，颈部膨扁，并发出"呼呼"的声音；发声的同时，可迅速将体内毒液向敌害目标喷出，有时可喷 1～2 米远。因此，又名"扇毒风"或"吹风蛇"。

眼镜蛇的其他特征是头部及体背黑褐色，颈部扁平膨大，背面有一对周围白色、中央黑色的眼镜状的圈纹。当头部扩展时，圈纹特别明显，故得名"眼镜蛇"；在广东人看来又像饭铲，便称其"饭铲头"。颈腹面有两黑点及一黑横斑，躯尾背面常有均匀相间的白色细横纹，幼蛇尤为明显，腹面颜色较浅。尾长 11～21 厘米，体长 1～2 米，最长者可达 3 米，是毒蛇中的较大型种类。

眼镜蛇常栖于平原、丘陵、坟堆、墙基、洞穴、灌木丛、竹林及山脚水边和住宅附近的湿地。主要白天活动捕食，天气闷热时会改在黄昏出洞，夜间亦能准确地扑咬目标。属广食性蛇类，主要以蛇类、鼠类、蜥蜴、鸟类、鸟蛋和蛙类为食。此蛇耐热性极强，气温在 35～38℃ 的阳光下能长时间忍受；但对低温的耐受性较差，冬季温度若低于 9℃ 容易造成死亡。此蛇系卵生繁殖，5～6 月交配，6～8 月为产卵期，产卵数为 7～18 枚，经 50 天左右可孵出仔蛇。

③ 怎样给眼镜蛇投饲？

人工饲养眼镜蛇，无须按照每月投饲 3～4 次的模式去做。在食源充足时，可多投一些蟾蜍或饲料蛇，供眼镜蛇自由捕食。每年的 5 月，当气温升至 25℃ 左右时，眼镜蛇才开始大量捕食，因其有吃蛇习性，蛇园里必须投放一定量的红点锦蛇、水蛇或部分淘汰蝮蛇，眼镜蛇在野生状态下很喜欢吞食这些蛇类。饲料蛇本身营养丰富，蛋白质含量较高，眼镜蛇捕食后体重明显增加，肤色鲜艳有光泽，给人一种膘肥体壮的感觉。眼镜蛇吃腻饲料蛇后，便会主动捕食蛇园中的泥鳅和蟾蜍，捕食后便进窝盘伏消化，一般 6～7 天消化殆尽，然后出窝排粪、饮水，继而再次捕食。9～10 月是眼镜蛇蓄积脂肪的关键时期，应投放小鼠或家鼠供其捕食，为越冬打好基础。

④ 如何养好眼镜蛇？

饲养时要适当控制好眼镜蛇的养殖密度，一般一处 30～50 米² 的露天立体蛇园，可饲养成蛇 250～300 条。眼镜蛇的食量较大，消化力也强，进食后排便多，每天应及时打扫蛇场和蛇窝的卫生。水沟或水池内最好每周用万分之一的高锰酸钾予以消毒，并保持水体中含有一定量的高锰酸钾，保证蛇入水游泳时清洁皮肤，预防细菌感染。眼镜蛇最易患的疾病是急性肺炎、霉斑病和口腔炎，这几种病害的发生均与蛇园内环境不卫生和湿度过高有直接关系，尤其是在每年的梅雨季节，因空气湿度大，加之雨天过多，此蛇极易患病。所以，必须有针对性地提前做出安排，以防措手不及，造成损失。

5 何为蛇房？蛇房搭建有哪些注意事项？

眼镜蛇商品蛇目前的饲养模式，除少数自己留作育种者仍采用露天或室内外相结合的仿野环境外，各地多利用蛇房来进行饲养。顾名思义，蛇房就是专门为养蛇准备的房子，既可以利用闲置旧房按照饲养标准改造而成，也可因地制宜按照个人喜好或现有条件来建造新蛇房。总之，一切就是为了满足眼镜蛇生存所需的温、湿度要求，利用人为创造出来的优越饲养环境，让其迅速长大、及早上市销售而获取效益的实用饲养方法。蛇房大大省去了人工育种或管理期间的诸多麻烦，只需到了每年的繁殖产卵季节，直接购买蛇卵（蛋）或幼蛇就是。然后，利用恒温蛇房为良好的饲养载体，最终实现不到一年或一年多点的时间，便可依据蛇儿长势大小择优上市了。具有时间短、易操作、好管理以及上市快的优点，深受广大南方养蛇人的喜爱和追捧。目前，也有不少北方养蛇人积极参与到这个行列，呈现眼镜蛇在南北方遍地落户开花的局面。不过目前，眼镜蛇饲养主要还是以南方广大省份居多，南多北少的局面貌似短期内无法改变，这点更是不争的事实。

蛇房改造完毕或新的建造好了，里面可是离不开蛇窝舍这一重要设施的。眼镜蛇成蛇对于窝舍的要求其实不高，只要有足够的地方躲藏栖息就可以了。故成蛇窝舍的搭建极其简单而实用，目前多采用木板多层立体的简约搭建形式，所用板材可直接购买或自制。可直接使用木器厂出售的木托，也可从市场上购买二手的木托，这样费用可节省一半左右。板与板或木托之间的距离，最好是成蛇身体高度的2～3倍。这样的高度利于蛇排泄顺畅、便于尾巴高高翘起并拖尾行走，以利排泄者借翘尾爬行之际蹭干净"屁股"；同时还方便蛇能抬头游走及出窝方便。

饲养成蛇时，窝舍的层数应按照成蛇数量的多少合理搭建。然后，在已搭建完成的窝舍上层直接盖上一床棉被或毡毯即可。窝舍上盖能遮光的被子或毡毯，可使窝舍与蛇房之间有自然的光感落差，可充分让蛇有窝的安全感，有吃饱喝足后的安全栖息环境，利于饲养中成蛇能更好地生长，达到早日上市的目的。这里有个小小的建议，蛇窝舍所用层与层之间的板子，最好提前钉成一块块独立的那种，这样便于日后的适时更换，使卫生清理更节省时间。

刚出壳不久的幼蛇窝舍搭建则与成蛇完全不同。由于其内脏器官尚未完全成熟，故幼蛇对其窝舍的要求比成蛇高些。一般板与板之间高度为2～3厘米，窝舍搭建三四层即可。如果感觉幼蛇窝舍不够用，其蛇房又恰好偏大一些，不妨搭建成一房多窝式样的，可有效减少或化解幼蛇打堆现象。如在饲养中发现多窝式样下蛇的栖息数量不均匀，有的数量多有的数量少，也尽量不要人为抓蛇去平衡密度，只需将覆盖在窝舍上的被子翻起两个边来，让出窝活动的幼蛇再次选择中意的蛇窝。发现数量均衡得差不多时，再将被子的两个边放下盖好即可。如此这般，简单省事的同时，且对幼蛇没有任何惊扰，更不会出现恼人的应激现象。只有板与板或木托之间的距离适宜了，眼镜蛇成蛇和幼蛇才会自由出窝排便、饮水进食或活动，便于养蛇人趁蛇离窝之际，及时清理窝舍内的卫生。简单便捷的同时，对蛇没有过多惊扰，于生长健康十分有利。

上述简单便捷的搭建方式，在深受广大养蛇人喜爱的同时，更是被饲养中的眼镜蛇所乐于接受的。有时简单的就是最好的，这也是南方大部盛行饲养眼镜蛇的由来。

6 蛇房用发酵床如何配比？

养蛇所用的发酵床技术，最早是从北方养牛、养猪行业传过来的。目前，仅被一部分养蛇人接受并利用，多数还是喜欢采用传统方式。蛇房用发酵床大体配比如下：

发酵床大宗用料不外乎锯末和米糠，配比之前先将其一种或两种都全部晒干，发现因潮湿而发霉变质的应剔除不要。待其完全晒干后，按每平方饲养面积计算，须用复合菌 20 克、防霉剂 2 克、消毒液 10 克、红糖 50 克，然后与玉米面或大米粉 100 克混合均匀。用等量递增法与上述锯末和米糠搅拌混匀，再用清水或淘米水喷洒后直接搅拌，以用手抓起来有湿润感，放开时又必须全部松散为宜。眼观不能捏成团，不然就是水分过大的明显表现。喷水搅拌使其混匀后，要将这些发酵物质成堆堆放，用塑料薄膜完全覆盖密封起来。6～7 天后，可见发酵物变色或明显发热，这种程度即为发酵好了的标准。

南、北方的发酵时间完全不一样，北方在时间上明显长于南方，尤其是在冬天，即便是在暖和的室内操作，至少也要用 10～15 天才能完全发酵好。

这些发酵后的锯末和米糠，被养蛇人统称为蛇用垫料。铺垫的厚度南北方不尽相同，南方需要铺垫 10～20 厘米为宜，而北方则要铺至 20～30 厘米，寒冷的冬天可以适当再铺厚些，夏天则要薄一点。放蛇的前一天可将发酵好的垫料摊开后，均匀铺放到蛇房的地面上，地面最好不要水泥地板结构的，能铺垫在泥地上效果会更好。发酵垫料仅需放置一天后，即可放蛇进行正常饲养了。

7 发酵床与霉斑病（腐皮病）有内在关联吗？

在野生的自然环境下，眼镜蛇几乎是不会出现皮肤病的。那么，发酵床与眼镜蛇霉斑病（腐皮病）之间到底有没有密切关联呢？在说这个话题之前，不妨先来看一组蛇房饲养眼镜蛇的数据，也就是蛇房离不开的适宜温、湿度。众所周知，眼镜蛇适宜的温度范围为 27～29℃，湿度则需控制在 60%～65% 最为保险。而发酵床是利用湿式发酵的原理，锯末和米糠等的材质其含水之多，人们通过肉眼可是看不准确的——那是因为发酵床表面看似较为干燥，而恰恰就是这一表面现象，蒙蔽了养蛇人对湿度的态度。目前蛇房内多习惯使用电子温、湿度计，忽略了物理干湿度计的准确性和重要性，使用期间会造成一些温、湿度误差，从而延误了对湿度的正确掌控。加之幼蛇集中开口进食前，有的已经或正在实施加温前的准备；蛇房一经开始加温，其温度随之升起，发酵床也开始散发湿气出来了。若蛇房内长时间湿度过高，无法下降到60%～65%时，则极易引起眼镜蛇皮肤方面的病患，其中最为严重的当属霉斑病（腐皮病），这病多数由发酵床起作用下的高湿度所引起。所以，养蛇老手所说该病六七成由发酵床引起，也就不那么危言耸听了。根据多个南方养蛇老手的经验得知，幼蛇霉斑病（腐皮病）症状的出现，最早是在幼蛇开口后的20多天至1个月有余。后面的时间里，则会出现逐步上升之势，令众多养蛇新手非常苦恼，不知所措。

这里也许有爱思考的人要问了，为什么眼镜蛇出现霉斑病（腐皮病）会在秋天呢？明明已经是秋高气爽、天气开始干燥的季节啊？严格来讲，还有更奇异的现象也是不容忽视的——相比于高温高湿，低温高湿更容易让蛇产生霉斑病（腐皮病）。有关这个话题，姑且先从源头简单谈起。没有加温前多数眼镜蛇进食很正常，也没有皮肤病的迹象出现，一切尽在养蛇人掌控之中；但随着入秋后天气逐渐转凉、昼夜温差明显加大后，有不在少数的养蛇人便开始加温了。为了有效保住蛇房内恒定温度，几乎把门窗统统关闭了起来。不可否认，刚开始加温后眼镜蛇进食量的确增加了。蛇在吃多吃好的同时，其排泄量也稳步增加，其稀薄的尿液自然会渗入以发酵床为载体的垫料里，期间会随着温度升高一同蒸发出来，随即变成了蛇房之中的超高湿度。这时，蛇房内如果能继续30～31℃的温度、60%～65%的湿度，则不会导致霉斑病（腐皮病）的出现。但是，蛇房温、湿度一旦变成低温高湿，即长时间温度低于26～27℃，湿度则明显高于75%～95%时，眼镜蛇离出现霉斑病（腐皮病）的状况便不远了。这时，眼镜蛇如果出现蜕皮不畅、整片"拘"在躯体上，明明眼观里面真皮与表皮已然脱层，可偏偏就是无法自行顺利蜕去，这就是霉斑病（腐皮病）已然发病的明显症状之一，更是典型的因低温高湿导致蛇蜕皮不畅。估计最多用不了两三天的时间，病状便会不请自到，直到后期完全显露出来。

通过上面简单阐述不难看出，蛇房没加温前单纯应用发酵床时，感觉并没有多少水分散发出来，也不会过多影响蛇房中的湿度环境；但是一旦从开始加温做起，发酵床之中的水分便随着温度的加高而蒸发出来，明显提升了蛇房内整体的湿度。再者，眼镜蛇蜕皮同其他蛇明显不一样——其表皮在与身体剥离前黏液明显多些，再加上一旦长时间处于高湿环境，其蜕皮难度便会随湿度的上升而陡然加大。此状时间短了没有多少大碍，时间长了，一旦超过其承受能力时，蜕皮不畅的蛇自然便会病患缠身，出现人蛇不堪其忧的恼人局面。

眼镜蛇发生霉斑病（腐皮病）疾患，大多在正式加温的一段时间后——除非个别有独门绝技的，能确实把控好蛇房温、湿度的外。不然的话，建议新手们此季节暂时不要使用发酵床，要用可等到来年停止加温时再用为好。只要加温后断然停用发酵床，这种病状自然明显减少或不再发生。

8 减少或抑制霉斑病（腐皮病）发生前后要注意什么？

从众多养蛇实例中得知，眼镜蛇霉斑病（腐皮病）发病多在加温后，蛇房环境湿度持续高于 75％时出现。此时，幼蛇大多成功开口、进食稳定，体重为 50～100 克。尽管之前它们一直都进食正常、长势良好，但此时幼蛇患病苗头已出现，只是新手们粗心大意了而已。

眼镜蛇霉斑病（腐皮病）开始出现症状的前期，蛇身体表面看似很干燥，仅是像上了年纪的人身上起了些皱褶一样而已。新手们误以为湿度不够而大施加湿措施，进一步加高蛇房内的环境湿度，错误地把眼镜蛇引向了危险境地，从而致使霉斑病（腐皮病）渐次发生，且极具传染性。

其实眼镜蛇霉斑病（腐皮病）就是加温后门窗紧闭、空气不流通，加之发酵床高水分的湿度散发而引起。只要知道了造成该病的致病因素，提前做好相应的预防工作，加强通风透气，慎防空气污浊，该病还是能够减少或杜绝的。首先，加温后应在温暖的正午或午后，适时开门开窗通风透气，以利减少高湿度造成的空气污浊；其次，不怕对蛇房按时进行必要的消毒，但应在消毒药发挥作用的有效时间后，尽可能利用劳作之际做到通风透气，让蛇房内空气对流，确保空气新鲜，助蛇减少病害骚扰。

眼镜蛇霉斑病（腐皮病）发病初期，除做好通风或降低湿度外，最好在窝舍底下或多层窝舍的板下，安装一盏或多盏涂成黑色的低瓦数普通灯泡，借以降低窝内湿度，达到环境适当潮湿而窝内干燥的目的，从而起到标本兼治的效果。养蛇老手们的经验再次证明，长期使用涂色灯泡用来加热去湿，不仅不会影响正常进食及活动，还能大大降低了出现病患的概率。这里老话重谈，尽可能使用质量好些的电线、灯泡和开关，严格安全布控线路，避免因漏电引起火灾，造成不必要的损失。

最后再次温馨提示一下，防蛇逃、防蛇病和蛇房防火，这是养好蛇的"三防"基本要领，三者缺一不可。

⑨ 冬季无冬眠局部加温有哪些弊端？

冬季无冬眠加温养蛇法目前已在各地推广得如火如荼，使原本2～3年才能达到上市规格的蛇，养殖时间缩短了一半，故深受养蛇人喜爱并纷纷采用。

纵观多数养蛇人，无冬眠蛇房内均采用整体加温的方法，使受热面积几乎无死角、整体环境如沐春风，极大满足了蛇生存、生长的需求。这里不得不重点说一下，有不少养蛇新手们，盲目听信某些局部保温器材的诱人广告宣传，认为在大幅节约加温费用的前提下，使用局部保温器材亦可达到正常饲养温度，保证正常生长的效果，故把窝舍搭得非常低矮，面积特别狭小，误以为做到了低矮狭小的灵活空间，便能达到低耗能、节约资金及收益更大的目的。

冬季局部加温无冬眠蛇从理论上或少量饲养而言是行得通的，也被纷纷用于一条或几条的宠物蛇饲养。但是，规模饲养与一两条的宠物蛇零星饲养截然不同，现实中是无法比拟的。因规模化无冬眠养蛇的前提是绝对不能忽略蛇的生存习性和生长所需。节省费用后的低矮狭小饲养空间注定了空气流通性能差、活动面积减少，从而造成尿氨气味重、空气混浊、湿度不够；尤其是掀开被子或毡毯打扫窝舍卫生时，多会造成蛇窝内温度的急剧下降。如此频繁出现温度差异，容易造成蛇身体机能紊乱、不愿归窝或助长呼吸道病等的情况。加之，湿度不够还容易引起缺水，导致蜕皮不畅、食欲缺乏甚至闭食，严重影响正常生长或能否顺利过冬。由于饲养空间窄小、窝舍低矮，致使养蛇人日常观察不利，无法早期发现异样并实施有效方法予以操控。等一旦发现状况时早已晚了三秋，啥事也白白错过或无端耽误了，实在得不偿失。

建议无法满足饲养条件或无冬眠整体加温的新手们，暂停上马无冬眠养蛇的操作；待自身条件成熟了再开始不迟，以免初期因条件达不到，盲目上马而受挫。

10 眼镜蛇能与滑鼠蛇（水律蛇）和王锦蛇同场饲养吗？

目前，各地不在少数的养蛇人为了打破单一品种带来的制约，为了迎合市场需求赚取更高的经济效益，同时混养或同场分开饲养不同种类的蛇，如滑鼠蛇（水律蛇）、王锦蛇和眼镜蛇。尽管这些蛇类都非常受市场或消费者青睐，且近几年来市场行情一直高居不下。但是，这些蛇类对环境要求却天差地别，除滑鼠蛇（水律蛇）和王锦蛇对环境要求大致相同外，眼镜蛇最好不要同这两种蛇同场混养或同场分开饲养——因眼镜蛇需要通风透气的饲养环境；而滑鼠蛇（水律蛇）和王锦蛇则侧重于保温保湿。明显区别还在于滑鼠蛇（水律蛇）和王锦蛇蜕皮时，它们的真皮与表皮层之间没有如眼镜蛇般那么多湿漉漉的黏液。换言之，就是在同等环境下，这两种蛇比眼镜蛇蜕皮更顺利，完整度高些。

如果长期出现眼镜蛇霉斑病（腐皮病）久治不愈的状况时，毋庸置疑，绝大部分是由环境高度潮湿所引起。为了减少更大的麻烦，不妨考虑换养滑鼠蛇（水律蛇）和王锦蛇。因这两种蛇均喜欢相对潮湿的饲养环境，同样的环境下它们均比眼镜蛇的成活率高很多，且饲养起来还没有什么危险性。各地每年因眼镜蛇咬伤造成的致残、致死率居高不下，着实令抱有"富贵险中求"的初入行者，因眼镜蛇频频而发的事故而改变了饲养品种。

毒蛇咬伤无小事，它可比眼镜蛇霉斑病（腐皮病）还要危险许多。这里，再次提醒欲加入到眼镜蛇饲养行列的，全程一定要谨慎操作，切勿徒手抓蛇以及粗心大意。

11 怎样搞好眼镜蛇的越冬管理及冬运？

眼镜蛇的越冬温度为 10～14℃，相对湿度为 90%左右。冬眠前应逐条检查蛇园内存养的眼镜蛇，对部分体瘦、体弱的应立即处理或加工，膘肥体健的可移入冬眠场所让其冬眠。防止老鼠入侵，捕食正在冬眠的蛇。

眼镜蛇在冬季的价位比较高，同时也是各地货缺急需调货的季节，因其耐寒能力差，冬季外运一定要注意保暖。包装好的蛇箱最好空运或用带空调的汽车运输，运输途中的气温决不能低于 8℃，否则会造成大量死亡。

12 眼镜蛇毒喷入人的眼睛该怎么办？

养蛇单位和个人在眼镜蛇的存养过程中，其毒液喷射到人眼睛内的现象时有发生，轻者可引起角膜肿胀疼痛、视物不清、头晕充血；重者失明，甚至中毒死亡。一旦发生这类事故，应立即治疗。方法是用清水反复冲洗眼睛内的毒液，最好送医院急诊并用生理盐水冲洗，若在生理盐水中加入少许精制抗眼镜蛇毒血清一起冲洗，效果会更好。冲洗过后，用醋酸可的松眼药水滴眼，直至痊愈为止。重症者需转入条件较好的眼科医院救治，以免留下残疾。

13 被眼镜蛇咬伤后怎么办？

眼镜蛇咬伤是我国南方最常见的蛇伤之一。被眼镜蛇咬伤后要立即服用蛇药，如南通蛇药、广西蛇药、青龙蛇药等，还可将蛇药片用水稀释后外敷伤口肿胀部位，起到消肿止痛的作用。

眼镜蛇毒为混合毒，中医称风火毒，被咬伤者多见于白天。该蛇咬伤一般伤口较浅，加之排毒量大，用一般表浅皮肤火灼法很难达到灭毒目的。可以立即对伤口进行纵行切开，不要切断肌腱或伤及筋膜，用负压方法将局部蛇毒吸出，同时给予局部注射灭毒药液，如胰蛋白酶溶液、高锰酸钾溶液等，边吸毒边冲洗，尽快将蛇毒冲洗彻底、破坏干净。注射药液虽可引起局部疼痛，但应鼓励伤者战胜困难，必要时可在局部注射 0.5%～1% 普鲁卡因溶液。为减轻局部的坏死程度，被眼镜蛇咬伤后，一般不主张结扎，这点要引起注意。

另外，要及时注射精制抗眼镜蛇毒血清，应用越早其效果会越好。在注射前，应做抗蛇毒血清的过敏试验。单价抗蛇毒血清每支含 1 000 国际单位，一般可用 1 000～2 000 单位，加入5%～10%葡萄糖溶液静脉滴注。病情较重的紧急情况下，可直接做静脉缓慢注射。为了防止血清在人体内的过敏反应，可在溶液内加入地塞米松 10～20 毫克。

被眼镜蛇咬伤后，由于局部易肿胀坏死，加上切开后引发伤口感染，局部抵抗能力明显降低，很容易引起全身感染，使病情加重。所以，应同时给予抗菌治疗。一般可口服磺胺类药、黄连素、四环素、红霉素等，必要时给予肌内注射或静脉滴注青霉素。

（八）赤峰锦蛇和棕黑锦蛇的养殖技术

1 赤峰锦蛇和棕黑锦蛇是同一种蛇吗？

关于赤峰锦蛇和棕黑锦蛇的争议由来已久。这两种蛇形态、大小相近，其幼蛇斑纹颜色更是极为相近，尤其是刚刚出壳的两蛇幼体，若粗粗从外表来看真的不好准确判断，仅据其头部后面"人"字纹是否连接后端白色纹，尚可准确分辨，但谁也不能保证后期生长中还会不会发生变化——这就是杂交带来的强大变故。如果白色花纹长势杂乱或若隐若现，眼观在两可之间，多数直接归入"杂交后代蛇"之类。眼观"人"字纹连接甚好的是赤峰锦蛇幼蛇，没有相连或"人"字纹小且不明显、呈不规则竖条状的才是棕黑锦蛇幼蛇。不过，这种靠斑纹辨别的方法只能达到80％～90％的准确率，其他还待它们慢慢长大后才能彻底知晓。加之，它们的生活习性相差不大，野外蛇分布区域连接且有局部高重叠，长期以来被认定是同一物种的两个亚种，所以学术上曾经把两者认定是同一种。不过蛇界泰斗赵尔宓则坚持是两个独立种，近年来也有人主张它们是两个独立的种。

其实，判断赤峰锦蛇和棕黑锦蛇有一个有效方法——看两种蛇之间有无生殖隔离。如果做不到这一点，很容易出现杂交体的"杂交后代蛇"。多年来，笔者的蛇园里满地都是这样的杂交蛇，其自然长势和综合抗病害能力，倒是叫人非常满意的。关于蛇的具体学名或其他杂交后诸多事宜不是笔者主攻的目标和方向，但笔者有来自蛇园里亲手拍下的众多"杂交后代蛇"照片为证，充分说明这两种蛇自然杂交率还是相当之高。

因自己养蛇20多年来的便利条件，让我有幸每年都能接触到国内很多地方的养蛇人。每每聊及两蛇的分布话题，他们都有在本土发现赤峰锦蛇和棕黑锦蛇踪迹的经历，说明棕黑锦蛇并不是像学术论文中所说仅产在东北——持有这番言论的都是与蛇打交道多年、地地道道的真正识蛇人或捕蛇人。正像有人所说那样，产在陕西、贵州、江西、河北、河南、四川、山东等地的棕黑锦蛇，其形态和颜色确实与东北产棕黑锦蛇有一定差异，并且在数量上也少了许多；然而赤峰锦蛇野外却是存在较大的种群数量，可能这也是被养蛇人广泛养殖的主因吧。

2 赤峰锦蛇和棕黑锦蛇分布和外形特征有哪些？

赤峰锦蛇主要分布在辽宁、吉林、黑龙江、山东、北京、天津、河北、河南、山西、陕西、甘肃、安徽、江苏、浙江、湖北、湖南、贵州、江西、云南等省（自治区、直辖市）。目前已被列入国家"三有"（有益、有科研价值、有经济价值）野生保护动物，野外主要以小型啮齿动物、鸟类（蛋）和鼠类为食，对消灭有害动物、保护农业丰收起到重要作用。有关部门提倡驯养繁殖，合理开发利用。

赤峰锦蛇的外形特征：全长在 1.5 米以上；背面多呈黄褐色、棕色或浅灰色；身体后段至尾部有 20 多个占 2～4 枚鳞宽的横斑纹，前后两横斑相距 4～6 枚鳞；腹面多呈灰白色和米黄色，没有或有不明显的黑斑。

人工养殖条件下的赤峰锦蛇，体重多在 0.5～2.5 千克。主要以各种蛋类、孵化场淘汰多种幼雏和鼠类为主要食物；每年的 7～8 月是其产卵繁殖高峰期，每次产卵在 9～17 枚或更多，孵化期一般在 45～50 天。

棕黑锦蛇在北方主要分布于辽宁、黑龙江、吉林、内蒙古、山东、河北、陕西、山西、甘肃、河南、宁夏、北京和天津等地，山区、野外或偏僻的农舍附近经常会看到该蛇的踪影；在南方多分布于湖南、湖北、江苏、浙江、安徽、广东、贵州、云南、江西等地。虽说在数量上远远不及北方分布广、数量大，但每年都有一定数量的活蛇涌向各地市场。2000 年，国家颁布文件将其定为"三有"野生保护动物。

棕黑锦蛇的外形特征：全长 1.3 米以上，体重较棕黑锦蛇少许多。该蛇体色变化较大，有的成蛇体色较黑，有的则呈棕黑色，"棕黑锦蛇"由此而来。它背面棕黑色具描金般的光泽，自颈部至尾部有黑黄相间的窄横纹 20 多个，每个窄横纹占 1～2 枚鳞宽，前后两窄横纹相距 8～12 枚鳞片；腹面灰白色有明显如散花样的黑斑；尾巴较细长。棕黑锦蛇随产地的不同，颜色差异较大，如出产在湖北、浙江和贵州等地的均颜色较浅；而产在山东、北京和天津等地的，则颜色鲜艳、花纹明显，但是颜色也不特别深黑；只有产于东北的颜色均深而黑，故在当地又有"黑蛇"和"黑松花"之称。

人工养殖条件下的棕黑锦蛇以各种蛋类、家禽幼雏和鼠类为主要食物，每年 7～8 月产卵繁殖；每次产 7～10 枚，25～30 枚的十分少见；孵化期也在 45～50 天。该蛇的生活繁殖或其他行为，均和赤峰锦蛇几乎完全一样，两蛇是蛇界之中少有的"姊妹蛇"和"亲家蛇"。

③ 赤峰锦蛇和棕黑锦蛇活动规律和生活习性怎样？

　　赤峰锦蛇和棕黑锦蛇活动规律和活动范围几乎是一样的，它们多活动在山区林间、平原草丛、耕地边角、桥墩河边、库区树丛，亦有到偏僻农村住宅附近或直接进入院落房内偷食蛋类或小家禽之类，甚至进入老屋捕捉老鼠、鸟和鸟蛋等。这点有些类似黑眉锦蛇，它是东北三省名副其实的无毒"家蛇"，即家中或居所附近经常见到的蛇。它们都以爱上树或藏匿于树干和树枝上出名，尤以夏天闷热时节最为明显。

　　赤峰锦蛇和棕黑锦蛇性情温驯，一般不主动咬人，只有在自身受到严重威胁或过度惊吓时，才会偶有扑咬或作出弓身弹头的动作。两蛇都是目前人工养殖中个头较大的种类；不仅个头大、长势理想，也同其他锦蛇一样身披绚丽彩妆、皮色光滑艳丽、温驯好养，是目前市场卖价较高的种类。由于两蛇市场持续走俏，参与野外捕抓的人越来越多，两蛇的野外保有量今后会越来越少。为此，国家林业部门提倡人工驯养繁殖及合理开发利用。这两种蛇已被南北养蛇人广泛养殖。

　　赤峰锦蛇和棕黑锦蛇虽然体型大，但均温驯好养，特别容易让新手接近。它们没有吃蛇的习性，人工养殖时可以与其他无毒蛇类混养，养殖成本不高。这也是它们广受养蛇人欢迎的原因之一。

　　人工养殖赤峰锦蛇和棕黑锦蛇发现，它们大多喜欢白天出窝活动，只是到了最为炎热的夏天，当外界气温高于 32℃ 时方才改为晨昏活动，但总体的进食频率没有明显变化。养殖实践中还发现了它们的特别之处——夏天温度越高反而越能吞吃鸡蛋，这可能是蛋类含水分较多的原因。不过这期间能吞鸡蛋的它们，其长势也颇为明显，无论怎样看都给人一种"圆滚滚"和"肥嘟嘟"的瓷实感觉，这也是它们明显优于王锦蛇、乌梢蛇和黑眉锦蛇的特点。它们在食物上有时偏爱蛋类和家禽幼雏类胜过鼠类，而且还有比其他蛇类更适应较低温度和较大温差的明显优点。只要一般的活动温度就能正常出窝活动，多数初冬时节仍会出来晒晒太阳，故它们是目前较为容易养殖的大型蛇类之一。

4 赤峰锦蛇和棕黑锦蛇养殖方法与王锦蛇相同吗？

赤峰锦蛇和棕黑锦蛇的养殖方法与王锦蛇是非常接近的。人工养殖要点在于选择合适的食物，以及相关的日常管理或消毒防疫必须跟上。这样才会在养殖过程中驾轻就熟，体会到蛇类养殖带给我们的无尽乐趣。

赤峰锦蛇和棕黑锦蛇的养殖方法大多离不开蛇房养蛇、室内外结合养蛇或仿生态露天立体养蛇等。下面介绍这两种蛇养殖中的南北差异。

无论是温、湿度适宜的南方，还是养殖时间颇为短暂的北方，均是采取上述养殖方式中的一种。养殖中两蛇的窝舍均应设置在位置较高，周围环境温、湿度适宜的地方。每年的秋末冬初时节，当外界气温降至 11℃ 以下时，地处南方的两蛇便会逐渐进入浅冬眠了；而对于生活在北方的这两种蛇来说，它们总体的耐寒能力还是较强的，两蛇进入冬眠的气温还要低些。笔者在多年的养殖实践中发现，对于封堵不严或有意留下出口的养蛇场所，即使时间进入了 11 月下旬乃至元旦节后，蛇园内朝阳处的活动场所，仍可见到它们外出晒太阳的情景。如果突遇低温或雨雪结冰天气，尚未归窝或蜷缩在墙角裸露处的个别瘦弱蛇极有可能会死在温度低于零下的晚间。所以，对这样不知归窝的个别瘦弱蛇，养蛇人要养成每天进养蛇场所逐一检查并捡拾的良好习惯，必要时可以及时利用或出售。赤峰锦蛇和棕黑锦蛇冬眠时窝内温度宜保持在 5～7℃，冬眠场所环境温度过高时，眼观会有一部分蛇在缓缓爬动，这样会增加蛇体能量的消耗，于冬眠严重不利；而冬眠环境温度过低往往又会把蛇冻死，对此应妥善把握好。在我国东北三省或西北大部，赤峰锦蛇和棕黑锦蛇在10月中下旬便进入冬眠期；而除东北或西北以外的北方其他地方，则需在11月下旬进入冬眠；南方12月才会进入冬眠。有一点是肯定的，那就是不能单纯用月份来记录，更不能草草用几句话就界定南、北方两蛇冬眠的准确时间，具体应以当地实际气温降到零下几度，它们才会完全进入到无声无息的深冬眠为准，一直延续到来年春季天气转暖时。

5 赤峰锦蛇和棕黑锦蛇养殖中有哪些管理细节？

正因为赤峰锦蛇和棕黑锦蛇有夏天喜食蛋类的特点，两蛇几乎没有其他蛇类每年都逃避不掉的"夏眠"现象，这是它们普遍长势好、掉膘少的独特优势：①这两种蛇的确进食量颇大；②排便也多；③其长势紧随王锦蛇之后，是微微逊色于王锦蛇的不二之选。正因为养殖实践中，它们比别的无毒蛇能吃能排泄、耐热耐寒且抗应激能力强，才有匀速生长或成活率高的结果，这些都是养蛇人乐意养殖的主要原因。

赤峰锦蛇和棕黑锦蛇正常进食后，后续的及时清理等日常管理必须跟上。一般每天清理2～3次，粪便多则会造成臭气弥漫，此时应及早做好通风工作并适时消毒。消毒时可使用含双链季铵盐的消毒剂。此类消毒剂能快速起到消灭细菌、清洁空气、净化环境的作用，具体的使用剂量参照产品使用说明即可。给赤峰锦蛇和棕黑锦蛇投喂各种蛋类时，最好要清洗干净。三伏天气若蛋类不清洗直接投喂，会发现其进食量不算理想，倘若清洗干净后再投喂会发现其吞吃量明显增多。这是因为蛋壳一旦破碎，既容易腐败变质，也可能污染到其他蛋。鉴于此，提醒养蛇新手尽量不要投喂破碎的蛋，以免污染到其他蛋，影响蛇本原的正常进食。同时，装破蛋的塑料筐或篓也要经常彻底清洗，这样于人于蛇都大有好处。人工养殖中不难发现，赤峰锦蛇和棕黑锦蛇最大的特点是身体没有腥臭味，这也是其他蛇类所不能比拟的。正是因为它们这一独特的生理优势，其市场价格多年来一直居高不下，经常把十大毒蛇之一的眼镜蛇远远地"甩"在后面，成为无毒蛇价位高于毒蛇的典型。

　　有关赤峰锦蛇和棕黑锦蛇养殖中的具体细节方面，可参照前面已经介绍过的王锦蛇养殖技术。其实，只要每个养蛇人能够认真学习和不断总结，在养殖中逐渐掌握两蛇的生活习性或活动规律；遵循由少到多，于循序渐进中稳步扩大养殖规模，就能逐步把养蛇这一冷门行业做好做"热"；在为社会提供更多优质活蛇或蛇产品的同时，自己也会慢慢变成养蛇行家里手的。

（九）滑鼠蛇（水律蛇）的养殖技术

　　滑鼠蛇，学名 *Ptyas mucosus*，俗名水律蛇、水绿蛇、乌肉蛇、草锦蛇、长标蛇、长柱蛇、黄闺蛇、山蛇、水南蛇、乌歪、黄土蛇、黄缎蛇，是一种知名大型无毒蛇，深受广大养蛇人或消费者喜爱。

　　滑鼠蛇（水律蛇）是国家二级保护动物，已经被《中国濒危动物红皮书》《濒危野生动植物种国际贸易公约》列为濒危物种。不过，该蛇野外分布数量多、种群大，在南方各地政府部门积极倡议下，早已开展了人工养殖，为地方经济发展和养蛇人带来不菲效益。

1 滑鼠蛇（水律蛇）主要分布在哪里？

　　在我国，滑鼠蛇（水律蛇）主要分布在广西、广东、福建、浙江、江西、湖南、湖北、四川、贵州和云南等省（自治区、直辖市）；在国外则主要分布于越南、缅甸、印度、阿富汗、印度尼西亚等。

2 滑鼠蛇（水律蛇）的体貌特征和生活习性分别有哪些？

　　滑鼠蛇（水律蛇）头部较长，呈黑褐色，唇鳞淡灰色，眼大而圆，瞳孔圆形略内凹，易于与其他蛇类区别。该蛇身体前段、后段及尾部的腹鳞多呈黑色，后缘更为明显。体背面呈黄褐色，体后部有不规则的黑色横纹，横纹至尾部形成网纹状；腹面前段多呈红棕色或黄白色，腹鳞后缘色黑，后部淡黄色。

该蛇是我国南方有名的大型无毒蛇，以两广一带或其周边省份最为多见。它个体较大，成蛇体长健壮而粗大，一般在150厘米以上。它们多生活于平原、丘陵和海拔800～2 000米的山区地带。该蛇在野外性情较为凶猛，攻击速度快，喜捕食鼠类、蛙类、蜥蜴和其他小型蛇类等；但本身也是体大凶猛、剧毒眼镜王蛇的食物之一。每年11月至翌年3月冬眠，5～7月产卵，卵数8～20枚；身体健硕的青年稳产母蛇，可产卵20枚或更多。

3 滑鼠蛇（水律蛇）有哪些药用价值？

滑鼠蛇（水律蛇）是入选著名三蛇酒和五蛇酒的代表蛇类之一，具有良好的药用价值。其能祛风除湿、舒筋活络和提升免疫能力；主治风湿性关节炎、类风湿和无名疼痛等症，深受患者或亚健康人群青睐。

4 滑鼠蛇（水律蛇）市场销量如何？

滑鼠蛇（水律蛇）是我国南方广东、广西、福建和海南等地的主要食用蛇之一。该蛇是除眼镜蛇、尖吻蝮（五步蛇）、王锦蛇、乌梢蛇、黑眉锦蛇和眼镜王蛇外，地地道道的典型本土畅销蛇。民间更是素有"无毒（特指眼镜蛇、眼镜王蛇）不成宴，无蛇（特指滑鼠蛇）不成席"的说法，由此可见其畅销程度。据报道，在广州的野味市场上，每天仅在蛇类交易市场成交的滑鼠蛇（水律蛇）可达1吨多，有时仍供不应求，呈现缺货状态。

5 人工养殖和野生蛇在营养方面区别大吗？

早有研究人员对养殖与野生滑鼠蛇（水律蛇）的蛇肉营养成分，如蛋白质、脂肪、氨基酸、糖、微量元素等的含量进行了检测比较。结果发现，人工养殖的滑鼠蛇（水律蛇）蛇肉中蛋白质、脂肪、氨基酸、糖以及矿物质元素硒、镁、铜、铁、锌等的含量，均与野生滑鼠蛇（水律蛇）无显著差异，部分指标如丝氨酸、亮氨酸、甘氨酸、赖氨酸、丙氨酸、组氨酸、精氨酸、结氨酸含量竟比野生蛇的含量还稍高。

人工养殖滑鼠蛇（水律蛇）蛇肉与野生蛇肉营养价值大致相同。人工养殖状态下的蛇肉不但汁多、鲜嫩、香醇，而且无致病菌、寄生虫和其他病害感染，堪称是理想的绿色营养品。

6 如何获得青年种蛇和养殖？

青年种蛇的获得途径目前仅有两种方式，即野外捕捉和直接购买。

无论野外自行捕捉或直接购买种蛇，一定要选择个体大、色泽好、无明显外伤、生猛有力、眼观无病态、寄生虫不严重、条形匀称的青年雌、雄蛇。雄雌比例以 1∶（2～2.5）为佳，若过于失调，则明显体现在蛇卵（蛋）的受精率上，出现畸形蛇卵（蛋）、小个蛇卵（蛋）及未受精蛇卵（蛋）。鉴于此，人工养殖时，应保持适宜的雄雌比例，为收获大而饱满、无畸形、受精率理想的优质蛇卵（蛋）打好坚实基础。

挑选好的青年种蛇放入养殖场所后，1～3 天内可只供饮水不供食物，待其充分休养好或完全熟悉环境了，再行投喂不迟。

青年种蛇繁殖期间，必须尽可能供给丰富的食物，促进择偶交配、后期繁殖或产后体况迅速复原，这点绝对不能掉以轻心。必须做好养殖场所周围的防鼠工作，杜绝家鼠或田鼠掘洞引发蛇群外逃情况。虽说鼠类是它们极其喜爱的食物之一，但绝不排除蛇吃鼠后沿鼠洞外逃，此种情况在各地屡见不鲜。

滑鼠蛇（水律蛇）成蛇和王锦蛇养殖方法大同小异，这里不赘述了。

7 滑鼠蛇（水律蛇）幼蛇窝舍真的很重要吗？

较成蛇而言，窝舍对幼蛇的保障自然更重要些，也就是养蛇人常说的"不能让幼蛇也输在起跑线上"。要想从根本上把幼蛇养殖好、提高其开口率和维持后续良好长势，建议先从建造一处适宜幼蛇的窝舍开始吧。

幼蛇窝舍里面层与层的隔离板，最好能设计为抽拉式的，即多块独立且可以随时抽动的板子，便于日后操作和更换，减少因清理窝内卫生对幼蛇造成的干扰，巧妙起到减少应激反应的作用，非常利于幼蛇的健康成长，创造出适宜幼蛇的最佳生存环境来。

多数成蛇对窝舍的要求不高，只要有足够的地方躲藏就可以了；而幼蛇器官尚未完全发育成熟，加之其体型小、体质弱，身体稚嫩，对其窝舍的要求颇高。窝内板与板之间高度，最好设计为2～3厘米，便于幼蛇排便、抬头张望，不限制自由活动；更便于幼蛇自行找寻适宜自己的栖息地，而过于扁平低矮的蛇窝不利于幼蛇正常的排泄和自由活动。

只有幼蛇窝舍板与板之间的高度合适了，才能更好促进幼蛇出窝排便或外出活动，这样蛇窝内的通风或卫生程度才有更好保障。幼蛇窝舍内的光线不宜太亮，蛇窝上面最好盖上遮光的被子或毯子，人为让蛇窝与蛇房之间有整体的光差感，这样的蛇窝会让幼蛇有归属感和安全感，利于幼蛇后续的身体发育和健康生长。

8 幼蛇出壳后多久投喂更合适？

不少养蛇新手反映，幼蛇在体重达到100～150克的时候，会出现陆续死亡的恼人现象，这里大致说说其主要原因。

传统的养殖方法是幼蛇出壳蜕皮后便开始喂食，其实这多少是有点错误的。因为幼蛇出壳后的蜕皮时间，一般集中在5～7天，这时幼蛇内脏还未完全发育成熟。人物一理，就像刚刚出生的婴儿一样，出生一两小时最好先少量喂点温水，然后再谨遵医嘱按时喂奶。其实幼蛇也是如此，它们表面上虽然是蜕皮了，但其内脏尚未完全成熟，消化系统也未完全建立好，故根本无法胜任吞食后应有的消化任务。一旦投食过早或其不由自主进食过多，注定是消化不彻底或消化不了；进食过早的幼蛇由于肠胃不堪重负，会有一部分幼蛇出现肠炎或吐食现象。所以，有的体重不到或勉强到100～150克节点时，出现陆续死亡现象也就不足为奇了。

如此说来，幼蛇应在何时开始投喂较为适宜呢？下面就幼蛇投喂方面的诸多细节介绍如下。

滑鼠蛇（水律蛇）幼蛇出壳后，5～7天开始出现蜕皮现象。正常情况下，它们多数是集中蜕皮的，蜕皮期间只供饮水、不宜投喂任何食物。它们完全蜕皮后，可以适当供应添加了营养健胃药物的饮水；但此时最好不要投喂食物，需再耐心等待约一周，也就是幼蛇出壳后第10～12天开始投喂开口食物。个人认为这是比较好的。如此一来，绝大部分幼蛇均蜕皮完毕，同时进入关键的开口阶段，进食相对于一周后陆续开口会齐整很多。主要是达到100～150克体重时，其死亡现象大大减少，这点尤令人兴奋欣慰。

养蛇的我们，不要过于担心此举会把幼蛇饿坏、饿死，因充足的饮用水会补充幼蛇身体机能的消耗，还可人为帮助幼蛇内脏器官慢慢成熟，并由此建立起完整、健全的消化系统。众所周知，野外自然状态下出壳的幼蛇不可能一出壳或短短几天内就能找寻到可口食物。即使如此，也是不会饿死幼蛇的。建议人工养殖状态下的幼蛇，应在充分了解其习性细节的情况下，尽量遵循或模拟幼蛇在野外的自然生存习性，等它们内脏器官和消化能力完全建立起来，再集中投喂开口食物不迟。此举不仅会全面提高幼蛇的开口比例，还能有效减少因消化障碍导致的多种疾病乃至死亡。如此省事简单的延后投喂开食法，养蛇的我们何乐而不为呢！

这里需要重点说明的是，人工养蛇是一个技术经验或心得体会纷杂迥异的万花筒，每个养蛇老手其实都有自己独到或秘而不宣的养蛇方法，而每一次技术改良或管理方面的些许改动，皆需要我们心怀敬畏之心去慢慢实践或体会。滑鼠蛇（水律蛇）幼蛇延迟投喂开口法，这里就算是敞开心扉、抛砖引玉吧！衷心希望全国各地的更多新老养蛇同行，能不吝吐露自己独特而又实用的幼蛇养殖心得，让这个行业持续发展，稳步走远！

9 幼蛇开口期间该注意哪些细节？

幼蛇大多集中顺利出壳后，首先要保持蛇房内的整体温、湿度，然后经过严格的大小分选，根据设定数量安排好其养殖窝舍；其次才是静待幼蛇蜕皮完毕后，再集中做幼蛇开口工作了。

开口料以当地盛产的小土蛙为主，待一部分逐渐开口进食后，可少量掺入部分自然或人为处理至接近死亡的蛙掺入活蛙中，其比例不断加大的同时慢慢撤出活蛙，最后全部进食冷冻土蛙或多种家禽幼雏的一系列完整过程，称作幼蛇集中开口期。给幼蛇投喂开口食物时，要采取多盘、多地点的灵活投喂方式，投食地点最好不要频频变更。尽量做到每天不少于 3～4 次投喂，一般开口 2～3 天，便可基本完成集中开口，其开口比例高达八九成以上。

幼蛇集中开口的成败，完全取决于养殖中具体的投喂细节，也就是细节决定了其开口率的高低。这一点尤为重要。实践证明，只要细节做得好，幼蛇在逐渐长成商品蛇过程中，其条形长而匀称、膘情饱满适中，能大受买家青睐也就顺理成章了。

多数幼蛇集中开口后 10～15 天，应挑出不开口的幼蛇来进行二次开口。二次开口仍以活的小土蛙为主。期间具体的操作要求，仍参照初次开口时的方法，这是幼蛇二次开口最基本的需求。

这里重点提示一下，幼蛇栖息时不能打堆过厚，不然于后期生长极为不利。幼蛇窝舍出现打堆过厚现象，直接说明窝舍数量或面积太少了，需尽快适量添加。只有努力改善幼蛇的生存环境，把养殖中所有的细节尽可能做好，才能养出体型均匀、膘肥体健的成蛇来。

10 幼蛇二次开口和转口有哪些操作要点？

滑鼠蛇（水律蛇）幼蛇开口食物多以当地的小土蛙为主，多数幼蛇能够自主进食不需额外费心。但是，总有事与愿违的状况发生，一次或二次分级是在由小土蛙转口、投喂冷冻后化开的家禽幼雏时。针对不能适应冷冻食物而闭口的部分幼蛇，需要及时将它们

——分拣出来，人为再让它们重新开口进食，这种方法叫做二次开口。具体开口方法同初次集中开口完全一样，此时千万不要嫌麻烦，因人工养蛇的漫长过程其实就是每天每年都在枯燥无味地重复着细节，然后通过出货收益来抚慰辛苦养蛇人的。

幼蛇二次开口的时间段，宜选择在 28～30 天，也就是人们俗称的"满月"前。正常幼蛇吞吃食物多次以后，眼观身体已明显长大、长粗不少，和尚未进食相比，大小和膘情差别一目了然，根本不用在选择上过于纠结和犹犹豫豫。为了及时照顾这些分拣出来、暂时不能自主进食的瘦弱幼蛇，一般在第一次分级前的饮水里投喂一些营养能量型的添加物，如复合维生素 B、鲜牛奶、葡萄糖、氨基酸、鱼肝油等，除有减缓应激作用外，还具有利于避免机体发育停滞、改善消化不良、生长缓慢或蜕皮不畅等的诸多作用。

11 "晚苗"开口和幼蛇填喂要注意什么？

人们习惯将 9 月以后出壳的幼蛇称为"晚苗"，有的地方也称为"迟苗"。这个时间段出壳的幼蛇，整体来说，蛇体稍小，瘦弱蛇、残蛇或畸形幼蛇的比例较大。对于这些"晚苗""迟苗"的最终去向，总体来说，除了有相当养蛇经验的老手外，养蛇新手们多数不敢贪图便宜而盲目"收入囊中"的。此阶段的幼蛇由于总体体质欠佳，其开口率不高是个不争的事实——这是天生造成的缺陷，其责任重点归于孕蛇。所以说，人工养蛇是个一环扣一环的缓慢过程，一旦有了闪失或异样，注定后期的养殖会麻烦许多。

对于这时段出壳的"晚苗""迟苗"，不能按正常幼蛇的方式来管理和开口。期间除人为延长它们的开口时间、促其内脏器官和肠胃系统尽快成熟、健全外，还应把这些幼蛇养殖密度减少，放在适宜它们的较小养殖空间内，用小蛇窝来做开口期间的专用场所，除必需的精心护理或适宜的温、湿度外，还应投喂些新鲜健壮的小小土蛙。蹦跳的小小土蛙对吸引它们进食会有事半功倍的效果。此时必须足量满足，不要吝啬，不然很容易功亏一篑，达不到想要的效果。

另外，对于那些出壳已满一月但仍没开口的幼蛇，要抓紧时间进行人工填喂。下面简单介绍下具体填喂方法及其所用食材。

首先，给这些不能自主进食的幼蛇填喂时，绝对不能用带骨头的肉来填喂，如成体的鸡肉、鸭肉、鹌鹑肉和土蛙肉等，特别对于那些本来有肠胃炎、不愿开口的幼蛇和瘦弱蛇来说，坚硬的骨头会增加肠胃负担。若必须用到这些成体食材时，必须仔细将骨头剔除干净，切成易于幼蛇吞咽的条形或块状。其次，还可直接采用鸡、鸭和鹌鹑等的胃部，也就是俗称的"嗉子"。把这些开口食材清洗干净后剪成两至三份，用锥子或粗针扎上多个小孔，然后将其浸泡在含健胃开食的药物或维生素水里，10分钟后再行填喂效果会更佳。

大量填喂时还可采用上述食材的幼体，即刚刚出壳的多种家禽幼雏和小土蛙的腿部，效果均颇为理想。因这个时期还没有开口的幼蛇，基本上已很难再自主开口进食了。

很多人此前均采取过人工灌喂法，即灌喂多种食材配比而成的营养液，多数收效甚微，期间不乏灌喂后出现了吐食或死亡现象。因人工灌喂明显属于强制性的逼迫手段，不管幼蛇爱吃不爱吃，统统按照灌喂剂量先灌进去再说，这样往往会伤及幼蛇的口腔和食管。这里推荐的幼蛇填喂和灌喂是有明显本质区别的，在人为帮助幼蛇开口的同时，断然不会伤及口腔和食管；其自主自觉接受程度和安全指数大大提高，堪称人蛇之间的绝佳"合作"。

具体用家禽幼雏和土蛙腿来填喂时，一般用左手大拇指、食指和中指抓住待填喂的幼蛇，把蛇尾巴轻轻缠绕在小拇指上并适当用力夹住，以防其强烈扭动影响正常的填喂。这里先值得一提的是，填喂用的这些幼雏家禽腿肉需提前准备好，土蛙腿则须提前剔除骨头并切成条状。也可用它们的纯肉来填喂，只是切成能够入口的条形或块状即可，其中可以适量添加一些健胃开食的维生素。

实施填喂时，须左右手协调，同时开工。用左手完全控制住幼蛇，右手拿镊子夹住填喂食材，再用右手无名指或小拇指晃动引诱或轻轻碰开蛇口，把肉慢慢往其嘴里填送。把肉塞到嘴里，有一半左右进入喉咙时，需要把幼蛇轻轻放到地上或饲养箱里，这时会发现它自己会慢慢吞下去，至此人工填喂完美结束，且极少有反吐现象。这种方式幼蛇自行吞下去的概率高达 90％～95％。相对于人工灌喂法，这个方法属于半人工填喂，堪称人蛇之间的一次完美操作。好处是绝大多数幼蛇可以自主吞咽，其应激反应相对小了许多或干脆没有。缺点是此操作需要相当的耐心和耐力，麻烦的同时效果较好。可以最大限度挽救那些不开口的幼蛇，减少损失保住幼蛇从而最终让养蛇人受益。如此多重复几次，熟能生巧，其操作方法还是易于被人们接受的。

此种人工填喂不开口幼蛇的方法，建议 2～3 天填喂一次，连续 3～4 次以上，幼蛇多会自行进食了。最后一次填喂后，可把幼蛇放在小蛇窝内，里面放上填喂时同样的食材，大部分幼蛇可以自行进食。对个别剩余那些仍未开口的幼蛇，则继续挑出来人工填喂或干脆放蛇一条生路，把它们放生到适宜生存的野外去。大自然才是它们真正的天堂。

六 、蛇类病害及其防治方法

（一）预防为主，减少病害发生

1 怎样预防蛇类病害？

应贯彻"预防为主"的方针，具体需做好以下几点：

（1）蛇园内要严格执行卫生防疫制度，长期保证饲养环境的清洁和卫生。

（2）蛇园不但要定期消毒，而且对进入蛇园的人也要严格消毒，把好最起码的防疫关。

（3）注意投饲食物的总体营养水平，因其直接影响蛇类的体质和抗病能力，饲养管理不当也是导致蛇园发病率高的重要原因之一。

（4）要建立每日检查制度，发现有进食不正常、不愿活动、粪便异常等现象的蛇，要及时隔离观察，尽快给予治疗，慎防传染给其他健康的蛇。

（5）对个别病蛇要做到早发现、早隔离、早治疗。定期驱虫是蛇园的重要工作，必须在每年的初夏和深秋各进行一次。

（6）从野外零星捕捉或购买来的野蛇，要经过检疫并隔离饲养一段时间，经过观察证明健康无病时才能放入蛇园。

2 治疗蛇病可以用抗生素吗？常用的有哪些？

实践证明，在蛇类的食饵中注射抗生素，不仅能预防蛇类疾病，而且还能改善蛇类的新陈代谢，促进生长，提高成活率或饲料转换率。

常用的抗生素有青霉素、红霉素、先锋霉素、庆大霉素和土霉素等。使用粉针剂型抗生素时，如青霉素、链霉素等，应现用现配，稀释的药液超过 24 小时后禁止使用。

3 给蛇治病用的药物有配伍禁忌吗？

现在市场上销售的兽用药物种类很多，如果在给蛇治病时不注意配伍禁忌，不但起不到应有的预防治疗作用，还可能引起病蛇中毒死亡。四环素类和青霉素、磺胺类和土霉素有配伍禁忌。如使用两种或两种以上抗生素时，需单独稀释，分开注射，不可盲目混合使用。同时注意药品保管，过期失效的药物禁止给病蛇使用。夏季剩余的药液要放于冰箱内，以备下次再用，但不能超过配药时效。

4 给蛇治病要算经济账吗？

蛇类不同于人类，个别的蛇有病是否用药？用什么药？用多久的药？并不完全取决于病蛇本身的疾患，还要取决于该蛇本身的经济价值。比方说，一条价值几十元的病蛇，如果用几十元以上的药物来治病，应该说是得不偿失。因为药物的价格已等于它本身价值，况且能不能治好还是个未知数。有经验的养蛇者不轻易使用那些新型、高效、价格昂贵的新药或进口药，这也是受病蛇本身经济价值的限制，只能精打细算才行，这点希望引起同行的注意，千万不能跟着"广告"走。但是，对待那些价值高、体形大的病蛇，如养殖的王锦蛇和蟒蛇及用于科学研究或动物园里的名贵蛇、稀有蛇，由于它们的"特殊身份"，就应该另当别论了。

5 治蛇病时，如何正确使用兽用青霉素？

青霉素是一种常用的优良抗生素，在动物及宠物的饲养中应用较广泛，一般对革兰氏阴性菌不敏感。常应用于蛇类肺炎、脑膜炎、感染化脓等炎症，均有良好的效果。在使用时，首先要看是否是同一批号的，然后再针对病蛇大小或身体状况等，掌握好用药剂量，千万不能超剂量使用，以免造成药物浪费和病蛇中毒死亡。

注射用青霉素钾（钠）盐的肌内注射量为 0.4 万～0.8 万单位/千克。为了保持病蛇体内的有效浓度，应每隔 6～12 小时肌内注射一次油剂普鲁卡因青霉素（西林油），肌内注射量同青霉素钾盐。对体形较大的病蛇，可采取点注方式，以此减少病蛇的不适。

6 给病蛇打针时应注意什么？

实践证明，给病蛇打针是治愈蛇病的最佳途径，但必须注意以下几点：

（1）忌扎尾部 许多初养蛇者受人打针选臀部的影响，认为给蛇打针的最佳部位应在尾部，殊不知蛇尾神经密布，稍有不甚便会造成尾部神经损伤，引起病蛇不适，严重者导致死亡。所以，在给病蛇打针时应选择心脏以下、脊骨两侧的肌肉丰满处。

（2）忌用粗针头 用粗针头给病蛇打针，因扎针较浅、针眼大，药水注入后容易流出，并且由于针眼大，导致注射部位发炎、流血，从而降低应有的防治效果。

（3）忌在胸部竖刺 给病蛇肌内注射时不宜竖刺，因蛇类的胸腔薄，基本上没有肌肉，竖刺容易穿透胸膛，将药液注入胸腔，引起死亡。正确的方法是从蛇鳞的缝隙间平刺扎针，切忌深注。

（4）忌在一处注入大量药液 蛇类的肌肉比家禽薄许多，若在一个注射点一次性注入大量药液，易引起局部肌肉损伤，极不利于药物的快速吸收。应将药液分次多点注入病蛇肌内，特别是注射青霉素这一类刺激性较强的药物，宜采用多点分注的方式，可有效减少因吸收慢而带给病蛇的痛楚。

（二）几种常见的蛇病害

1 怎样治疗口腔炎？

口腔炎多发于毒蛇的采毒期间，多由频繁采毒所引起，发病率有时高达 50％。多见病蛇两颌肿胀，张口不能闭合，牙根处黏膜红肿，有溃疡，不能吞咽或进食，最终导致死亡。此外，冬末初春蛇类刚刚结束冬眠，由于蛇体瘦弱、免疫力下降，使得一些病原乘机侵袭蛇的颊部，也易引发口腔炎。

具体的治疗方法如下：

（1）取适量冰硼散（药店有售），装入用纸卷成的小纸筒内，将病蛇口腔轻轻撬开，把纸筒对准蛇口，将药粉吹入其口内。每天用药 3 次，连续 2～3 天即可。

（2）取甘草粉和甘油等量，将两味药混合均匀。治疗前，先用 0.1％的高锰酸钾溶液冲洗病蛇口腔，然后涂擦甘草甘油合剂，每天用药 1～2 次，连续 3 天左右。

（3）取白糖、枯矾等量研成细末，将药粉撒在病蛇口腔内。每天用药 2 次，连续用药 2～3 天。

（4）取青黛、黄连、黄芩各 10 克，儿茶、冰片、桔梗各 6 克，明矾 3 克，混合研末均匀，取适量药粉涂擦患处，每天用药 2 次，连用 2～3 天。

（5）取 20 万单位的庆大霉素 1 支，打开取少许药液对水冲洗病蛇口腔，其余倒入茶杯（碗）内对等量的水，将蛇头放入并摁住，让病蛇充分吸饮 2～3 分钟，如此反复几遍。每日 2 次，连用 3～5 天即可痊愈。经我蛇园的多次试用，发现该法明显优于上述疗法。

2 怎样治疗肠炎？

肠炎多由蛇园环境不卫生或吃了腐败变质的食物所引起。蛇患肠炎后，多见神态呆滞、消瘦、不爱活动、尾部干枯有皱褶、排稀便或绿色粪便、进食少或不进食，发病严重时导致病蛇死亡。

具体的治疗方法如下：

（1）肌内注射庆大霉素　经化验后得知是由大肠杆菌引发的肠炎，可首选庆大霉素予以肌内注射，按 10 万单位/千克的剂量，每日 2 次，一般 3～5 天可愈。由大肠杆菌导致的蛇肠炎，一经治愈后轻易不再复发。

（2）注射硫酸链霉素　取病蛇的平行针注部位，按 8 万单位/千克的剂量给予肌内注射，每日 1 次，连用 3 天。

（3）注射硫酸卡那霉素　按 3 万～4 万单位/千克的剂量予以肌内注射，每日一次，连用 3 天。

此外，丁胺卡那霉素、环丙沙星、黏杆菌素等药物均对病蛇肠炎有很好的抑制作用。还可将上述药物中的片剂加入蛇的饮用水中让病蛇吸饮，以此促其尽快康复。

3　怎样治疗肺炎？

此病多发于盛夏季节，常见于产卵后未能尽快恢复元气的雌蛇。此病具有传播快、治愈慢的特点，是蛇类病患中目前最难以治愈的病症。关键在于早发现、早治疗，一旦发现晚了，病蛇很难治愈，会有死蛇现象。个别体质差的蛇由于感冒也可引发此病，最后因呼吸衰竭而死。大多表现为张口不闭、口内有黏痰但不红肿、不思饮食和归洞、喘息有沉闷的"呼啦"声或蜕皮不畅等现象，且都有大量饮水的症状。

具体的治疗方法如下：

（1）注射青霉素、链霉素　因为肺炎由革兰氏阴性菌或革兰氏阳性菌所引起，为了取得良好的治愈效果，我蛇园通常用青霉素和链霉素同时分开注射的方法，以便达到快速控制病情的目的。剂量可掌握在青霉素、链霉素各 20 万单位/千克（依据病情轻重），首次治疗不妨加大剂量。每日早晚各注一次，一般连续用药 1 周以上，个别重者多达 3 周左右。若发现症状转轻后便急于投入蛇园，极有再次复发的可能，并且还会祸及健康的蛇。因此，此病必须一次性治好，杜绝再次复发。

（2）注射头孢唑啉钠（0.5 克/瓶）　首次取一瓶用注射用水稀释后，总计注射患蛇 8 千克，以后减为每瓶总计注射蛇 16 千克，每天早晚各一次，直至完全恢复。若患蛇口内有黏痰或呼吸伴有严重的杂音，可另行注射抗胆碱药——硫酸阿托品，该药对扩张气管、滋润平滑肌、迫使黏痰顺利排出有独特疗效。用药剂量掌握在0.02～0.04毫克/千克，肌内注射，每日一次，重者2次，连注7～10天为适。

另外，复方黄连素和严迪注射液亦对蛇类肺炎有显效。在给患蛇治病时，不妨更换一下药物，以免出现抗药性。在注射抗生素的同时，应用百毒杀或上述注射品的稀释液对患蛇的栖息处、蛇袋及周围环境进行喷雾消毒，每日2次。如解剖死亡蛇发现胸部及肝部有寄生虫时，在治疗过程中可使用左旋咪唑或依维菌素予以驱虫，每周2次，这样对促进患蛇康复意义重大。

4 怎样治疗霉斑病？

多发于梅雨季节，是蛇类常患的季节性皮肤病。由于场内、窝内或排水不畅造成的环境过于潮湿、不卫生引发该病，常见患蛇腹部出现块状或点状的黑色霉斑，个别严重者还向背部延伸至全身，最后因大面积霉烂而死。症状为蛇腹鳞片上生有变色霉斑，通常失去光泽，严重时可见片状腹鳞脱落、腹肌外露，呈橘红色，此病常见于五步蛇、蝮蛇及多种不活跃的蛇。

具体的治疗方法如下：

（1）发现病蛇后，应及时拿出用刺激性较小的新洁尔灭溶液予以冲洗、消毒（切忌用高锰酸钾溶液冲洗，因刺激性太大），之后用制霉菌素软膏涂抹。同时，给病蛇灌喂制霉菌素片（25万单位/片）0.5～1片，每日2次，连服3～4天。

（2）发现病蛇霉斑连成片时，可用1%～2%的碘酊涂患处，每日涂药1～2次，同时口服克霉唑片，每日3次，每次2片（1克）。若有克霉唑软膏配合涂抹，效果更佳。

在使用上述药物的同时，必须想方设法降低场内或窝内的湿度，改善蛇类的栖息环境，力求做到干燥、通风，一般病蛇治疗1周后大都痊愈。治愈后的蛇在放回蛇场前，需重新进行"药浴"消毒。

5 怎样防治蛇外伤？

由于养殖条件的限制，人们在捕捉或运输蛇类时难免出现小的外伤，多数蛇能自行愈合，但也有个别的蛇因自身免疫力降低会出现脓肿现象。如果创面受到细菌感染而得不到及时治疗，则使其无法蜕皮，脓肿扩大到一定程度会有死蛇现象。如饲养的是蟒蛇，螨常寄生于鳞片的缝隙间，拔去螨后有时也会造成外伤，伤口一旦被细菌感染后造成溃烂，直接影响蟒蛇的正常生长和发育。

外伤的治疗很简单。治疗时，先用消毒液冲洗一下伤口，然后用龙胆紫药水涂抹患处，或用 $1‰$～$2‰$ 的碘酊涂抹，每日 2～3 次，直至痊愈。若发现伤处已经化脓，可将研碎成末的土霉素撒于患处，并用手压一下，让药粉沾在伤口上，以免蛇爬行时蹭落。如果有的伤口溃烂较深，最好单独取出来，清创伤口后用创可贴包扎一下最好。

外伤经常规治疗处理后，一般能在 2～5 天完全恢复。为杜绝人为引发蛇类外伤事情的发生，蛇场内的废旧铁丝、钢丝、碎玻璃一定要清整出场。另外，饲喂人员进入蛇场时，务必注意脚下爬动的蛇，避免人为踏伤。秋季正是场内割除杂草的季节，对一些茎秆粗壮的杂草，最好连根拔除。若用镰刀割，锋利的茬口也是刺伤蛇皮肤、引起溃烂的主要"凶手"。只要排除上述因素，蛇外伤还是极少出现的。

6 怎样防治毒蛇的毒腺萎缩症？

蛇类是原始的野生动物，有些疾病在大自然中不会发生，但在人工饲养的条件下却出现了，如毒腺萎缩症。尽管人工饲养场地的环境与野生环境相差无几，可有的蛇类仍不能完全适应。刚从野外捕捉回来的毒蛇，一般能采集较多的毒液，但经人工饲养后，其毒液越来越少。这是因为人工饲养毒蛇，多以采毒为主要目的，若频繁无节制地采毒，其生产毒液的耳下腺就不能充分蓄积和分泌了，久而久之其毒腺就会逐渐萎缩，失去应有的泌毒作用。据有关实验报道，蝮蛇和五步蛇饲养 2 年后便无毒液分泌了；眼镜蛇养殖 3 年后也无毒液；金环蛇和银环蛇饲养 5 年后则变成了无毒蛇。毒蛇的毒腺一旦萎缩，就失去了应有的消化酶，毒蛇不久便因消化不良而死亡。该病症状为病蛇毒腺肿胀，毒液的分泌量明显减少或停止分泌，严重的可能流出带有脓血的分泌物，导致肌体功能逐渐下降，影响正常的捕食，即使吞食后也不能很好地消化吸收，最终因营养衰竭而死。

具体的防治方法为：人工采集毒液时，一定要动作轻柔，用蛇钳夹其头部时不能过紧，采毒不过于频繁，应严格控制采毒的间隔时间，让蛇有个恢复过程，达到持续利用的目的。再者，对那些饲养已达三五年的毒蛇，可重新放回大自然中去，让它们在野生环境下休养生息，待它们在自然界中"疗养" 3 年后，体力已完全恢复正常、毒腺已饱满发达时，再重新捕捉回来饲养，供人们采集毒液。这样不仅保护了野生蛇类的种群，同时也不失为一种提高养蛇效益的好方法。拥有封山育林权的单位或个人采用此法较为适宜。

7 怎样防治寄生虫？

蛇体内寄生有多种寄生虫，这些寄生虫多从吃的动物身上传染而来。这些寄生虫在蛇的身体内寄生后，轻则削弱蛇的体质，引起其他疾病，重者直接导致蛇死亡。在为蛇类驱虫时，应遵循"高效低毒、广谱价廉"的驱虫原则，即少量使用一种抗寄生虫的药物就可以驱除多种寄生虫。另外，在对大批的蛇类进行驱虫治疗或预防时，应先对少数蛇类予以试验，密切注意观察其反应和疗效，确保此药安全有效后再全面使用。此外，无论是大批给药还是预试驱虫，都应事先了解驱虫药的特性，慎防出现中毒现象。同时，要备好相应的解毒药品，严防出现不测。

给蛇驱虫现采用两种驱虫方法，即体内驱虫法和体外驱虫法。

（1）体内驱虫法 若从经济和实用方面看，当属盐酸左旋咪唑注射液。不仅可以内服，而且肌内注射的效果快而完全，1 支 5 毫克（5%）的左旋咪唑能为 50 千克蛇注射。因使用剂量较小，对蛇（宜深部肌内注射）无局部性的刺激，其用量仅为驱虫净的一半。若与敌百虫合用，可扩大抗虫范围，对线虫、绦虫、血吸虫、蛔虫等均有驱除作用，用药后 2～6 小时即发生作用，可间隔 1 周再用 1 次；也可每年驱虫 2 次，多在春、秋两季进行。

（2）外用驱虫法　用药可选用阿维菌素粉剂、丙硫苯咪唑粉剂、左旋咪唑粉剂等。使用剂量为阿维菌素 0.1 毫克/千克；丙硫苯咪唑 10 毫克/千克；左旋咪唑 20 毫克/千克。对蛇进行浸泡，从而达到驱虫的目的。

8　蛇类消化不良、厌食应怎样防治？

规模较大的养蛇场，由于种种原因，难免会出现一部分身体消瘦、皮肤松弛、神色呆滞、行动迟缓的蛇，这类蛇往往很少进食甚至不进食，最终身体极度消瘦，其尾部瘦得更为明显。若解剖死蛇尸体，可见体内有一些寄生虫。

具体的防治方法为：

（1）此类蛇需单独喂养，每日灌服 5～10 毫克的复合维生素 B 溶液或灌喂葡萄糖溶液等，同时结合灌喂一些生鸡蛋。

（2）强行灌喂也要投其所好，否则因入腹食物不合蛇的胃口会马上呕吐出来，如此反复 2～3 次，病蛇因耐受不住折腾而导致死亡。由此引发的死亡率高达 20%～30%。因此，对于少吃蛋类的乌梢蛇来说，灌喂蛋类就没有泥鳅的效果好了，必要时可补注维生素 B_{12} 注射液，有利于增强病蛇的体质。

此病的预防说起来容易做起来难，因许多养蛇场恨不得利用现有的养殖条件，养得满眼满地都是蛇，根本置合理的饲养密度于不顾。彻底根除超标饲养的做法，让蛇处在较为宽敞的运动环境里，做好投喂驱虫工作，此病是完全可以减少或避免的。在这里需要补充一点，各种蛇类从秋末开始自然绝食，不是消化不良或厌食所致的食欲不振，无须治疗和担心，这是蛇类入蛰前的正常表现。

9 **怎样防治急性胆囊炎?**

此病由大肠杆菌引起,蛇一旦患此病,表现不吃不喝,体温升高,最明显的特征是全身皮肤发黄,如得不到及时治疗,死亡率很高,常在发病后的 2～3 天内毙命,多发生于夏秋的暑热季节。

具体的治疗方法如下:

(1) 对于病情重、体形大的病蛇,应尽快注射兽用庆大霉素(20 万单位),每次 1 支,每日 2 次,连注 3 天病情可望缓解。但必须再固定治疗几天,针注剂量可减至一半。

(2) 肌内注射青霉素每千克体重 20 万单位、链霉素 0.2 克/次,每日注射 2～3 次,连用 3～5 天可治愈。

(3) 单种药物注射 2 日后不显明效时,有可能出现了抗药性,应及时更换其他的抗生素,如卡那霉素等,以免造成治疗上的困难以及药品的浪费。

除作上述处理外,还应将蛇场、蛇窝作一次彻底的消毒。消毒剂可选用百毒杀、抗毒威等,这三种消毒剂最好交替使用,配比方法参照产品说明书即可。

10 **蛇类天敌有哪些? 怎样防御?**

蛇类在自然界中堪称强者,能吞食各种活的小动物,但它的天敌也不少。有许多动物不仅不怕蛇,还专以蛇为食,如野猪、猫头鹰、刺猬、黄鼠狼、蠓、鸢等;有些蛇类还以食蛇为主,如毒蛇中的眼镜王蛇、眼镜蛇、金环蛇、银环蛇、赤链蛇等,无毒蛇中的王锦蛇也以食蛇而著称。此外,还有山谷溪涧中的棘胸蛙,它们本是蛇的食物,但在棘胸蛙的数量大、处于优势时,会一起扑到蛇身上乱抓乱咬,直到把蛇折磨死。蛇是捕鼠能手,但在冬眠季节,天气寒冷,蛇的活动能力明显削弱时,反而会被鼠类咬死。蛇类天敌中最小的动物是蚂蚁,它专门与蛇作对。如非洲的劫蚁,蛇要是遇着了它们,既咬不着也压不死,反而被成千上万只蚂蚁进攻作为美餐。

由于自然界中众多蛇类天敌的存在，在人工养蛇的过程中，从建造蛇场开始，就应对蛇场周围的地势和环境做好勘察工作。预先将蛇类天敌置于远离蛇场的地方或蛇场之外，尽量减少天敌对蛇类的干扰或侵害，如发现应及早捕捉或设法驱除。只有这样，才能保证蛇类的正常生长和发育，达到繁衍、为我所用的目的。

七、毒蛇咬伤的防治

（一）毒蛇咬伤的鉴别

1 怎样鉴别毒蛇与无毒蛇咬伤？

如果被蛇咬伤，首先应区分是毒蛇咬伤还是无毒蛇咬伤，这对制定正确的治疗方案和实施对症治疗是非常重要的。其准确鉴别有"三看"标准：一看牙痕形状，二看伤口症状，三看患者全身症状。毒蛇与无毒蛇咬伤鉴别见表 15。

表 15　毒蛇与无毒蛇咬伤鉴别表

蛇别	毒　蛇	无毒蛇
牙　痕	一般两个，深而较大，呈"·."状	牙痕较小，数多间密
疼　痛	剧痛、灼痛（神经毒除外）	不明显
肿　胀	迅速扩大	不扩大
出　血	流血、伤周淤斑、血疱（神经毒除外）	出血或不出血
淋巴结	肿大、触痛	不肿大、无触痛
全身症状	神经毒或血循毒症状或两者共存	无或轻微

（1）牙痕形状　凡毒蛇咬伤的牙痕较深大，一般有 2 个，并且有一定的间距，呈明显的"八"字形或倒"八"字形相对排列；而无毒蛇咬伤的牙痕比较浅小，个数较多，间距甚密，如锯齿状，呈

弧形排列。

（2）伤口症状　凡被毒蛇咬伤的患者，伤口有麻木感或剧痛感，并逐渐加剧，伤肢迅速肿胀（仅金环蛇、银环蛇、海蛇咬伤后无明显的伤口局部症状），伤口出血少许或出血不止，有的还出现水疱、血疱和淤斑，形成溃疡和坏死；而被无毒蛇咬伤的患者，伤口无麻木感，虽有少许疼痛，但数分钟后疼痛逐渐减轻或彻底消失，伤口周围不肿或轻度肿胀，出血不多或呈渗血点状。

（3）全身症状　凡被毒蛇咬伤的患者，均头晕、眼花、胸闷、心悸、畏寒，甚至出现昏迷、抽搐等症，严重时可发生休克，心、肾机能衰竭，呼吸肌麻痹等危重症；而被无毒蛇咬伤的患者，除有时因为精神过度紧张和恐惧外，则无其他明显的症状。

2 怎样鉴别常见毒蛇咬伤？

确定为毒蛇咬伤后，必须进一步明确诊断是被何种毒蛇咬伤，这对于选择不同的治疗方法具有重要意义。特别是采用抗蛇毒血清（单价）治疗时，由于抗体的特异性，更需进一步加以仔细鉴别。只根据牙痕的形态尚不足以区别为何种毒蛇咬伤，必须结合病历、症状、体征及实验室检查加以综合分析；还应根据各种毒蛇的分布地区、生活习性来具体判断。一般说来，在具体的分布上，平原地区首先应考虑为蝮蛇；丘陵山地、水域附近多考虑金环蛇和银环蛇；丘陵地区多考虑眼镜蛇；开阔的田野要考虑蝰蛇；丘陵山区、林木间或灌木丛处多考虑竹叶青和烙铁头；山区或丘陵林木阴湿处或山谷间多考虑五步蛇；山区林间、水边、岩缝处多考虑眼镜王蛇；海边或打捞上来的混杂在鱼中的多考虑海蛇。另外，清晨或黄昏被咬多考虑蝮蛇；夜间多考虑银环蛇；白天多考虑眼镜蛇。各种毒蛇的活动规律及被咬时间，亦对确认何种毒蛇咬伤有重要的参考价值。我国10种主要毒蛇形态和习性特点比较见表16。

表 16　我国 10 种主要毒蛇形态和习性特点比较

毒蛇名称	形态特征	栖息环境	活动规律	食性	生殖	毒牙牙龈间距（厘米）	毒性
银环蛇	体背黑白横纹相间，白色横纹较黑色窄；背面中央一行鳞片扩大，尾尖细较长	平原、丘陵或山脚近水之处	多在夜间活动	鱼、蛙、蜥蜴、蛇及鼠类	卵生	0.8～1.5	神经毒为主
金环蛇	通身有几乎等宽的黑黄相间的环纹；背中央一行鳞片扩大，背脊隆起呈脊棱，末尾端短而圆钝	丘陵山地或水域附近	多在夜间活动	鱼、蛙、蜥蜴、蛇、蛇卵、鼠类	卵生	比银环蛇略大	神经毒为主
眼镜蛇	体背黑色或黑褐色，颈背部白色似眼镜样的斑纹，体尾有黄色横纹 10 多条，颈部能膨扁发出"呼呼"声	丘陵山坡、坟堆、灌木林或山脚水边	白天活动	鱼、蛙、鼠、蜥蜴、鸟及鸟蛋	卵生	1.1～1.9	混合毒
眼镜王蛇	与眼镜蛇相似，但躯体大，颈部没有白色斑纹，颈部膨扁，颈背有"八"字形白斑，顶鳞之后有一对大的枕鳞，能"呼呼"作响	高山林木、水旁、岩缝及树洞中	白天活动	蛇类、蜥蜴等	卵生	不少于1.9	混合毒
蝮蛇	体背浅褐色或红色，有两行深褐色圆斑，或有分散不规则的斑点，体侧有一列棕色斑点，腹面灰白或灰褐色，杂有黑斑	多生活于平原、丘陵、山区或田野	早晚活动为主，耐寒性强	鱼类、蛇类、蜥蜴等	卵胎生	0.6～1.2	混合毒

（续）

毒蛇名称	形态特征	栖息环境	活动规律	食性	生殖	毒牙牙龈间距（厘米）	毒性
蝰蛇	体背棕灰色,头背有3块圆斑,体背也有3个纵行大圆斑,腹面白色,有3～5行近于半月形深棕色斑	开阔的田野,或在龙蛇兰和仙人掌等植物下	日夜都有活动	鼠、鸟、蛇、蜥蜴及蛙等	卵胎生	0.8～1.3	血循毒为主
五步蛇	头呈明显三角形,吻端尖,向上翘起,体背深棕色或棕褐色,正中有一行20多个方形的大块斑,尾短且末端尖长,形成角质硬刺	山地、树木、林带、岩隙间、山路边或草丛中	早晚活动,常于阴雨天出现	鼠、蛇、鸟、蜥蜴、蛙类等	卵生	1.5～3.5	血循毒为主
烙铁头	头部呈明显三角形,颈细,形如烙铁,头背鳞片小,体细长,尾长而末端细,有缠绕性,体背面淡棕色或棕褐色,背脊有一行暗紫色波状纹,腹面浅褐色	丘陵、山区、灌木、溪边、竹林或住宅附近	多在夜间活动	鸟、鼠类	卵生	0.8～1.4	血循毒
竹叶青	头部呈明显三角形,颈细,头背均为小鳞片,眼红,体绿色,有白色、淡黄或红白色侧线,尾较短,有缠绕性	丘陵山区溪边及草丛灌木中	早晚活动为主	鼠、鸟、蛇、蜥蜴、蛙类	卵胎生	0.5～1.2	血循毒为主
海蛇	尾侧扁,鼻孔朝上,有鼻瓣	海水中	趋光性	鱼类	绝大部分为卵胎生		神经毒为主

下面针对常见毒蛇咬伤的详细症状描述如下,供读者进一步参考和了解。

（1）蝮蛇 含混合毒，偏重于血循毒素。

致死原因：呼吸衰竭是主要致死原因，急性肾衰竭和心力衰竭与休克，亦可导致伤者死亡。

局部症状：一般牙痕呈"··"形，间距较小，深而清晰，伤口出血不多，有刺痛感及麻木感。伤肢肿胀严重，伤口附近可有大小不等的血疱和水疱，伤口破溃后组织易溃烂，产生炎性溃疡。常伴有附近淋巴结肿痛。

全身症状：一般咬伤后1～6小时出现头晕、全身不适、畏寒、发热、视物模糊、复视、眼睑下垂等早期中毒临床特征，严重病人可出现吞咽困难、张口困难、全身肌肉酸痛、胸闷、颈项强直、四肢活动障碍、呼吸逐渐变慢变弱，以至呼吸逐渐停止，病人随之转入昏迷、休克，血压下降，出现酱油色血红蛋白尿，一旦出现少尿或无尿，便可引起急性肾衰竭。

（2）眼镜蛇 含混合毒，以血循毒中的心脏毒为主，对循环系统、神经系统和局部组织有广泛的毒性作用。

致死原因：循环衰竭、呼吸麻痹是中毒死亡的主要原因。二者在中毒严重时逐渐加重，最后心跳和呼吸均停止。

局部症状：牙痕呈"··"或"∴"形。伤口疼痛明显，流血不多，很快闭合成紫红色或黑色斑点。伤口的中心有麻木感，但四周感觉过敏。周围皮肤迅速红肿，患肢有明显压痛，局部出现水疱、血疱，组织坏死，并可形成溃疡，经久不愈，甚至可引起骨髓炎，这就是眼镜蛇咬伤的主要局部特征。伤肢还出现淋巴管炎，伴有淋巴结肿痛。

全身症状：在咬伤后半小时或最迟不超过4小时，即出现全身不适、畏寒、发热（体温可高达39～40℃）、恶心、呕吐、腹痛、流涎、出汗和视力模糊等症状。

（3）眼镜王蛇 含混合毒。

致死原因：该蛇毒性猛烈，一般在1～2小时内引起呼吸麻痹或循环衰竭，这是致死的两大主要原因。

局部症状与全身症状：与眼镜蛇咬伤基本相似，但因其毒性更猛烈，其中毒症状出现得快而严重，特别严重者可在被咬伤后几分钟内致死。广西某山区有被此蛇咬伤后 3 分钟内死亡的报道。

（4）五步蛇　含血循毒，以凝血毒为主。

致死原因：出血性休克和循环衰竭是早期死亡的主要原因。急性肾衰竭或心肌、脑组织出血也可能是致死原因。经抢救治愈后，部分病人可能有患肢肌肉萎缩、挛缩、死骨脱出等一系列后遗症。

局部症状：牙痕较大、较深，间距宽，呈"··"形，伤口皮肤常有撕裂现象，局部剧痛如刀割，持续而难以忍受，流血不止，肿胀严重，迅速向心室发展，可扩展至躯干。伤口周围出现较多、较大的水疱和血疱，并有大片淤斑，易发生组织坏死和溃烂，伴有局部淋巴结肿痛。

全身症状：来势凶猛，迅速出现。患者感觉全身不适、胸闷、心悸、气促、畏寒、发热、视力模糊，严重者出现烦躁不安、呼吸困难。全身广泛性的内外出血，皮肤和黏膜出现大片淤斑，民间俗称"蕲蛇斑"。牙龈、鼻、眼黏膜出血，并有吐血、咯血、便血、血尿发生；严重者胸腔、腹腔和颅内出血，一旦出现出血症状，不易止住，即便止住了还会再度出血，这是五步蛇咬伤的主要特点。因严重失血，病人面色苍白、手足厥冷、脉搏细而速、神志模糊、血压下降，出现休克。肾血流量较少，导致少尿或无尿。

（5）蝰蛇　含有血循毒，毒性猛烈而持久。

致死原因：病人多因循环衰竭、急性肾衰竭而死亡，少数由于脑出血死亡。经抢救脱险后，部分病人有伤肢挛缩和运动障碍的后遗症。

局部症状：牙痕呈"。。"形，伤口剧烈疼痛，如剜如灼，逐渐加剧，持续不止。肿胀蔓延迅速，向心性扩展至躯干。伤口附近有大量水疱、血疱、淤点、淤斑，易发生组织坏死和溃烂，形成溃疡可深达骨质，伴有局部淋巴结肿痛。

全身症状：咬伤后发病急，来势凶猛，症状严重，病程较长。

常有全身不适、肌肉酸痛症状。全身广泛性内外出血，皮下出血，形成播散性淤斑，早期血尿；继而有齿龈出血，结膜下出血、咯血、便血等症。由于严重失血，病人口干、烦渴、面色苍白、手足厥冷、脉搏细而速，血压下降，可出现休克，并由脑出血导致昏迷。因出血、溶血可导致肾脏损害，有尿少、无尿、蛋白尿和管型尿，可发生急性肾衰竭。

（6）竹叶青　含血循毒，毒性较弱，以局部刺激为主。

致死原因：此蛇咬伤死亡率较低，一般2～3日症状逐渐消退，无后遗症。如果咬伤头、颈部，也会因肿胀严重窒息，导致生命危险。

局部症状：牙痕针尖样，呈"。。"形，以后变成"八"字形。咬伤后伤口疼痛、灼痛，且有压痛。局部肿胀，可向心性蔓延。常有血疱、水疱、淤斑，严重形成溃疡，偶有伤口流血不止，伴有局部淋巴结肿痛。

全身症状：表现较轻，仅有头晕、眼花、嗜睡、恶心、呕吐等。少数严重病人有黏膜出血、吐血、便血等症状。

（7）烙铁头　含血循毒，类似竹叶青的毒性，但较剧烈。

致死原因：常因急性肾衰竭和循环衰竭而死亡。

局部症状：牙痕似竹叶青样。伤口有剧烈烧灼感，极难忍受，很快变成紫红色。伤口周围红肿、发硬、有压痛，出现水疱、血疱或淤斑，常伴有附近淋巴结肿痛。少数严重病人可出现伤口出血不止。

全身症状：一般有头晕、头痛、眼花、视物模糊、嗜睡、恶心、呕吐、畏寒、发热等症状，重者可出现皮下出血、五官出血、吐血、便血和血尿，呼吸困难，血压下降，意识模糊和休克。

（8）银环蛇　含神经毒，总体表现为影响运动神经——骨骼肌传导功能。

致死原因：呼吸麻痹，自主呼吸停止是主要的致死原因。

局部症状：牙痕一般2个，为针尖样，呈"。。"形。被该蛇咬伤后局部症状不明显，仅有痒感和麻木感，伤口不红、不肿、不痛。

全身症状：咬伤后 1～6 小时才出现头晕、眼花、视物模糊、肌肉关节酸痛、四肢乏力。继而瘫痪向躯体发展，引起呼吸麻痹，呼吸逐渐变慢、变浅，呈腹式呼吸，以至呼吸运动停止，全身处于瘫痪状态。重症病人因呼吸抑制缺氧而导致心跳加速，血压升高，传导阻滞而致循环衰竭。

（9）金环蛇　含神经毒，其毒理作用、中毒症状与银环蛇基本相同，但潜伏期较长，病程发展亦较缓慢。

致死原因：银环蛇相同。

局部症状：牙痕呈"∴"形，附近皮肤潮红，毛囊突出呈荔枝壳样外观，稍有水肿，伤口不痛或轻微疼痛，不出血，有麻木感，附近淋巴结肿痛。

全身症状：类似银环蛇咬伤，但出现和发展比银环蛇稍慢。全身肌肉、骨骼关节呈阵发性酸痛，严重病人可出现全身水肿症状。

（10）海蛇　含神经毒。可阻断神经肌肉传导，有些海蛇还含有肌溶毒素，直接引起骨骼肌坏死。

致死原因：呼吸麻痹是主要的致死原因；也可由严重的肌红蛋白尿引起急性肾衰竭，以及继发性感染引起病人死亡。

局部症状：各种海蛇咬伤局部症状基本相似，除被咬伤时局部有瞬间刺痛外，伤口只有麻木感，不红、不肿、不痛，局部症状不明显，易被忽视。

全身症状：潜伏期较长，一般 3～5 小时才出现明显的全身中毒症状。伤者初感全身筋骨疼痛、活动困难、肢体强直，继而出现眼睑下垂、视物模糊、吞咽和语言困难、肌肉疼痛加剧；继四肢瘫痪后，肋间肌瘫痪，病人感觉呼吸费力，胸前有压迫感。呼吸逐渐变得慢弱，呈腹式呼吸。因缺氧而出现唇、指甲发绀，最后呼吸逐渐停止。严重者可引起急性肾衰竭。

3 养殖毒蛇时，怎样预防毒蛇伤人？

对付毒蛇必须长期坚持"预防为主"的方针，因在养殖或采毒过程中，时常要与毒蛇面对面地接触，一不小心，就有被咬中毒的危险。因此，搞好蛇伤的预防工作，掌握蛇伤治疗的有关常识，健全相应的安全制度，就能做到防患于未然，确保毒蛇的安全养殖。预防毒蛇伤人应努力做好如下几点：

（1）从最低的安全限度出发，搞好蛇场设施的基础建设　毒蛇养殖场一定要建在远离居民区或人员活动频繁的地方。这样不仅能保持环境安静，有利于毒蛇的生长，也是防止毒蛇万一窜出咬伤周围群众的基本保证。蛇场内外必须设立多块醒目的标牌，以唤起过往人员的警觉。最主要的是隔离设施要达到严防毒蛇外逃的要求，如围墙、水沟、门、窗等，必须按照蛇场的建造标准去处理，千万不能草草应付或偷工减料。场内需设置照明灯具，如夜间毒蛇有异常现象或其他意外，容易及时发觉，避免造成人员和经济上的双重损失。

（2）做好个人防护，必须绷紧安全这根弦　养蛇场（户）的主人一定要让饲喂人员了解所养毒蛇的活动规律和生活习性，并阐明毒蛇咬伤造成的中毒危害，促其绷紧安全这根弦。凡事必须小心从事，严禁自恃技术熟练而徒手捉蛇。万一需要徒手捉蛇时，进入蛇园或蛇房必须两人同行，并随身携带一些防护药品。捕捉时，一定要胆大心细、随机应变。尤其是接近眼镜蛇、眼镜王蛇、五步蛇等能喷毒的毒蛇时，切勿面对蛇头，并保持一定距离，以防毒液喷入眼睛内，造成中毒事件。一旦发生这种事情，必须立即用清水或生理盐水反复冲洗；或用结晶胰蛋白酶100～200单位，加生理盐水10～20毫升溶解后滴眼或浸泡眼睛，这样可将蛇毒破坏，减小眼睛中毒机会，随后应送医院急诊处理。

（3）备足蛇伤药品和工具，尽量赢得抢救时间　俗话说，"常在河边走，哪会不湿鞋"。毒蛇养殖场（户）整天与毒蛇打交道，难免出现失误。因此，根据所养毒蛇的种类，充分备足相应的蛇伤防治药品和工具，是及时处理突发事件的必要条件。有关负责人员必须经常检查这些药品、工具及质量，并予以妥善保管，发现不足时应及时补充，对失效的药品必须处理、更新，以保证需要时随时取用，避免重大中毒事故的发生。从安全角度出发，笔者建议凡与毒蛇打交道的单位或个人，必须配备蛇伤急救盒。

（4）依靠科学，才是蛇伤救治的唯一出路　在养蛇业日益壮大的今天，面对"被毒蛇咬伤后怎么办"这一问题，不得不旧话重提，一旦被毒蛇咬伤，千万不要惊惶失措。由于被咬后蛇毒的吸收极快，往往在咬伤后的 30 分钟左右，血液中就可达最高浓度。因此，特别强调就地局部处理的重要性。目前，治疗毒蛇咬伤虽有一定的效果，但至今尚未发现哪一种中草药能直接地、特异性地对抗蛇毒。因此，大家不能过分轻信某些"祖传蛇药""民间秘方"及"避蛇草"，以免延误抢救时间。

（二）毒蛇咬伤后的自救

被蛇咬伤的人多在野外、山区或田园，往往一时难以就医，为此这里简介一些治疗毒蛇咬伤的常识，以供毒蛇咬伤时开展自救工作。治疗毒蛇咬伤，必须争时间、抢速度，如贻误治疗，蛇毒在人体脏器内吸收和扩散，可引起残废等后遗症，重者危及生命。下面将几种蛇伤自救的方法详述如下：

 局部结扎怎样操作？

被毒蛇咬伤后，可用随身携带的鞋带、手帕或撕下一条带状衣物，也可就近拾取合适的植物茎皮（如稻草、棕叶、藤茎等），在伤口上方 2～10 厘米或超过伤口一个关节处绑扎。其目的在于用药前减少蛇毒随局部淋巴液及静脉血液回流，其松紧度以阻断淋巴和静脉回流为准，并每 20 分钟左右放松 1～2 分钟。此法最好在伤后 2～5 分钟内进行，时间越长作用越小。一经用药即应解除。若被咬时间超过 12 小时，则无结扎的必要了。手被咬伤后的结扎位置见图 6，足部被咬伤后的结扎位置见图 7。

手指被咬伤的早期结扎位置　　　　手背腕被咬伤的早期结扎位置

手臂被咬伤的早期结扎位置

图 6　手被咬伤后的结扎位置

足与小腿被伤的早期结扎位置　　　脚趾被咬伤的早期结扎位置

图 7　足部被咬伤后的结扎位置

2 怎样冲洗伤口？

　　在田野、山林不幸被毒蛇咬伤，应立即用肥皂水、溪水或其他洁净的冷水冲洗伤口，以洗掉伤口的外表毒液。如伤口有毒牙残留，应迅速挑去。有条件的地方可用生理盐水或 0.1％的高锰酸钾溶液冲洗。被咬后冲洗或清洗排挤毒液见图 8、图 9。

图 8　边冲洗边挤毒液

图 9　边清洗边挤毒液

3　什么是冰敷法和塞药法？

　　被蛇咬伤后，有条件的地方可用冰块（食用冰棒、袋冰均可）敷在伤口周围和近心端，使血管和淋巴管收缩，延缓蛇毒的吸收，给就医争取时间。在偏远山区和农村，还可用热水袋装清凉的山泉水或井水敷之。在咬伤后 24 小时内敷冰有效。

　　被毒蛇咬伤后，除做上述处理外，还可将盐粒或高锰酸钾颗粒塞于伤口内，数分钟后再用清水将其冲去，亦可达到破坏蛇毒的目的。

4　怎样扩创排毒？

　　这是蛇伤急救处理中的重要环节，伤处经过绑扎、冲洗处理后，可用消毒的手术刀，按毒牙痕的方向纵向切开。如牙痕模糊不清，则在咬伤部位做十字形切口。切开要切至皮下，才能促使毒液顺利排出。然后，切口可用拔火罐或吸奶器等器具进行反复吸引，尽量吸出伤处的残余毒液。吸引完毕后，伤口用雷佛奴尔纱布或浸了中草药溶液的纱布湿敷，以利于毒液继续流出。此法的缺点是增加患者痛苦、易导致局部感染溃烂，延长治愈期。被血循毒类毒蛇咬伤，不宜采用此法，以防流血不止，造成恶果。用拔火罐吸毒见图 10，用青霉素瓶吸毒见图 11，用口吸吮排毒见图 12。

图10　用拔火罐　　　图11　用青霉素　　　　　图12　用口吸吮毒
　　　　吸毒　　　　　　　　瓶吸毒

5 🗨 火灼排毒怎样操作？

在反复冲洗伤口和扩创排毒后，可用火柴直接烧灼伤口。即每次用火柴6～8根放于伤口处，反复烧灼2～3次，还可用香烟头烫灼伤口及其周围。蛇毒遇到高热时，即发生凝固而失去毒性。还可用烧红的长铁钉或柴把直接灼伤口，此法虽然痛上加痛，但同挽救生命相比，还是值得的。用火柴灼伤口排毒见图13，伤口的烧灼方法见图14。

图13　用火柴灼伤口破坏蛇毒

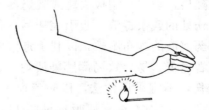

图14　伤口的烧灼方法

6 鲜草、树叶可以破坏蛇毒吗？

被毒蛇咬伤后，即可就近摘些鲜草、蔬菜或嫩树叶捣烂揉挤出汁，反复擦搽伤口。因为被咬伤者多在草地、田园和树林附近，可随手得到这些东西。草、叶之所以有此妙用，是由于它们含破坏蛇毒的化学物质。鲜草、树叶及蔬菜中均含有适量的钾，它既不伤害人体，又可破坏蛇毒，但现今使用此法的地域已越来越少。

7 有治毒蛇咬伤的综合急救盒吗？

商品急救盒一般备有消好毒的注射器、注射针头、结晶胰蛋白酶、2％普鲁卡因、蛇伤药、扩创伤口用的刀片和止血带等。使用时，按照使用说明书处理，就能化险为夷，不会出现中毒症状及危重症状。该药盒具有携带方便、方法简单、行之有效、经济便宜等优点，凡从事野外作业和蛇业经营的工作者需常备此急救盒，以做到有备无患，减少损失。

8 毒蛇咬伤的自救需注意什么？

被毒蛇咬伤以后，有些患者极为恐惧，精神过度紧张，往往因自救处理不当，给以后的治疗带来一定的困难。为此，被毒蛇咬伤后，首先要努力保持冷静，千万不要惊惶失措，更不能用力奔跑，以减慢人体对蛇毒的吸收扩散。其次，被毒蛇咬伤后，一部分毒液通过毒牙已注入，此时必须争取时间，尽快将毒液排出，这一措施会起到事半功倍的效果。在具体的操作上，动作要迅速敏捷，积极采取正确有效的措施，以达到排除和破坏蛇毒的目的，从而减轻中毒的危害，为入院救治打好基础。

八、蛇毒的应用、采集及贮存

（一）蛇毒的应用

1 蛇毒有何性质？

蛇毒是毒蛇分泌的一种含有多种酶类的毒性蛋白质、多肽类物质，也是毒蛇咬人后引起中毒反应的物质。新鲜的蛇毒为略带腥味的蛋清样黏稠液体，呈黄色、淡黄色、绿色，甚至无色。新鲜时呈中性或弱酸性反应，放置稍久可变成碱性，含水量 $50\%\sim75\%$，相对密度在 $1.030\sim1.080$。新鲜毒液接触空气易产生泡沫，室温下放置 24 小时易腐败变质，丧失其毒性。冰箱中可以保持 $15\sim30$ 天，经过真空干燥或冷冻干燥处理后的蛇毒可于室温下保存 $20\sim30$ 年，但毒性强度和一些酶的活性会不同程度降低，遇水仍能溶解。蛇毒经紫外线或加热后毒性消失。凡能使蛋白质沉淀变性的强酸、强碱及重金属盐类，均能破坏蛇毒。蛇毒还易受氧化剂、还原剂、蛋白水解酶类等的分解、破坏，从而失去其毒力。经甲醛处理后也会丧失毒性，但抗原仍能保留。

2 蛇毒含有哪些成分？

蛇毒的特点是成分复杂，不同的种、亚种，甚至同一种蛇不同季节所分泌的毒液，其毒性成分仍存在一定的差异。将蛇毒分离提纯，目前已知有神经毒素、凝血毒素、出血毒素及酶类等主要成分。此外，还含有一些小分子肽、氨基酸、碳水化合物、脂类、核苷、生物胺类及金属离子；其中一些具有生物活性，或与生物活性有一定关系。蛇毒经纯化后，其毒性成分可比粗毒强 5～20 倍，毒性成分亦是各有不同。

3　蛇毒有哪些药用价值？

蛇毒有很高的药用价值。药理研究证明，蛇毒中含有促凝、纤溶、抗癌、镇痛等方面的药理功能成分。能阻止和治疗中风、脑血栓的形成，还能治疗血栓闭塞性脉管炎，冠心病，多发性大动脉炎，肢端动脉痉挛，视网膜动脉、静脉阻塞等病症。蛇毒对缓解晚期癌症病人的症状亦有一定的作用，尤其是镇痛作用。把蛇毒制成各种抗蛇毒血清，用于治疗各种毒蛇咬伤，有药到病除的显效，目前已得到广泛推广。

（二）蛇毒的采集

1　供采毒的毒蛇有哪几种？

凡是能够分泌蛇毒的毒蛇都可被列为被采毒的种类，国内现供采毒的毒蛇只有十几种。根据文献资料统计，我国常见毒蛇的排毒量以眼镜王蛇和五步蛇最高，但产毒量最多的却是蝮蛇。蝮蛇不仅在我国分布很广，且数量也多，现已成为蛇毒研究单位的首选毒源。采毒较多的还有眼镜蛇、蝰蛇、烙铁头、金环蛇、银环蛇、竹叶青及某些海蛇。其他毒蛇种被采毒的机会很小，有时只是为了科学研究而采取少量的蛇毒，如虎斑游蛇、赤链蛇等。

2　哪个季节采毒好？采毒应间隔多长时间？

采集蛇毒的目的主要是为了应用。为了让所养毒蛇产更多的毒，而且又能维持毒蛇正常的生命，选择正确的采毒季节，确定每次采毒的间隔时间意义十分重要。对于采毒季节的划分，各地区及不同蛇种有一定的差异。我国北方地区为 6～9 月，因这段时间气温较高，多为 25～30℃，为毒蛇的活跃期和捕食旺季，分泌量也较多。平均每条毒蛇每年可采毒 3～4 次，最多不超过 5 次，否则会直接影响进食，引起消化不良，重者死亡。一般毒蛇出蛰第一次进食后的 7 天左右可采第一次毒，入蛰前 20～30 天可采最后一次毒，每次采毒的间隔时间不能少于 20 天，以 25～30 天为宜，体弱者 35～40 天采 1 次或 1 年采 2～3 次。

3 **采毒期间的毒蛇该怎样管理？**

在所养毒蛇的采毒期间，主要的管理是注意蛇的总体健康状况，如检查其口腔是否有口腔炎或其他疾病。孕蛇在产卵（仔）前后不应采毒，一般较其他毒蛇少采一两次，目的是防止早产、流产或影响母体健康。在饲养过程中，用于采毒的毒蛇应尽量同步化，即每批采毒日期要大致相同，否则会造成蛇的采毒时间参差不齐，无法具体掌握。采毒前 7～10 天应禁食，但需供应饮水，必要时要提前抓到待取毒的池内或箱内，但数量不可过多，以免造成挤压死亡或影响排毒量。采毒后应尽快放回原饲养场地，不宜变换新的饲养地点。待 3～4 日后再投放充足的食物和饮用水，投放过早会影响捕食及食后消化不良。

4 **采毒前该做哪些准备工作？**

（1）人员准备 采毒每次必须两人以上，采毒前不许饮酒。根据采毒的具体蛇种选择适当的防护服，以穿着舒适，操作便利为度，严禁赤身裸背、着拖鞋或凉鞋，防止毒蛇咬伤。

（2）采毒工具 主要根据所采毒蛇的种类或养蛇场的配套设备来决定，还有承接蛇毒用的不同规格的器皿，事先均应清洗后干燥，并防止污染。采毒后的蛇需用蛇笼或蛇袋暂放，应采毒前准备好。

（3）采毒场地 应选择宽敞明亮、通风良好、避免阳光直晒或雨淋的地方。如果在野外，应选择避风阴凉处，周围应无障碍物，有一定的活动范围。

（4）防护设备　在采毒场内应有蛇伤急救盒，以备急用，同时多备一些对应的蛇伤解毒片或抗蛇毒血清，及消毒后的三棱针或小手术包一个，以防万一。

（5）相应设备　采毒现场应有冰箱或冰桶，取到一定量时应放入冰箱或冰桶内暂存，以防天热变质。

5　蛇毒的采集方法有哪几种？

蛇毒的采集有"死采"和"活采"两种方式。"死采"是利用加工单位切下的毒蛇头或将后沟牙类毒蛇及产毒量较少的海蛇麻醉处死后，从其头部削离出毒腺的一种特殊的、破坏性的方法，只有在特殊情况下偶尔用之。一般均用"活采"法，以便保护蛇类资源。下面简介几种"活采"方法：

（1）电刺激采毒法　此法是用"针麻仪"等微弱电刺激的工具，用特制的电极刺激蛇口腔内壁。蛇一受到电刺激，就会因电麻而立即排毒。对"针麻仪"的挑选，可取微弱而能使蛇排毒为宜；如刺激过大，会影响蛇的健康。

（2）咬皿采毒法　采毒工具为小玻皿或小瓷碟（匙）。采毒时，将蛇自然地放置在工作台上，用一手提住蛇颈，另一手将玻皿或瓷碟送入蛇口，蛇咬住后即有毒液流出，到毒液停止流出时，取出玻皿或小碟即可。此法简单、方便，易于操作，并且脱落了毒牙的毒蛇也可适用此法，缺点是蛇毒易被蛇口腔内的微生物、脱落上皮、黏液、泥沙等杂质污染，且每条蛇采毒的量不大。咬皿采毒见图 15。

（3）咬膜采毒法　采毒工具系一小玻璃漏斗，漏斗口牢固地绑覆一层透明而有一定弹性的尼龙薄膜，漏斗管的末端用橡皮塞堵紧。采毒时用一手捉住蛇颈，另一手将漏斗边轻碰蛇口，趁蛇张嘴之际，顺势将薄膜送入蛇口。当毒牙咬穿尼龙膜时即有毒液流

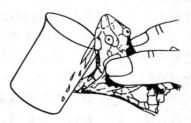

图 15　用玻璃烧杯采毒

入漏斗中，待毒液停留后，可稍扭动漏斗促使其松口，并趁机退出漏斗薄膜。每个漏斗膜可连续使用至尼龙膜破损或管中不能继续贮集毒液为度。此法较简便，但脱落了毒牙的蛇无法使用此法。咬膜采毒装置和方法见图16。

图16　咬膜采毒装置和方法

（4）负压采毒法　此法在咬膜法的基础上改良而成，即漏斗口绑覆一层塑料薄膜，漏斗底通过橡皮塞与离心管相连，漏斗侧管经橡皮管接于水泵上，采毒前打开水泵的龙头抽气，使漏斗内形成负压。采毒的操作方法同咬膜法，但此法对于产毒量少、毒液黏稠的毒蛇，如蝰蛇效果更好，但需经常更换薄膜才能保证负压作用，毒牙粗大的毒蛇不需用此法。

（5）挤压采毒法　一手握蛇颈部，使蛇头置于盛毒容器上方，用另一只手的食指、拇指在两侧毒腺部位由后向前推动挤压，毒液即自蛇口内流出，挤到无毒液流出即可。本法操作容易，脱落了毒牙的毒蛇也可用此法。若此法配合取毒器采毒，效果会更好。取毒器见图17。

在采毒过程中，若发现被采蛇的口腔发炎、有红肿状或脓血时，则不宜采毒，应及时给予治疗，待完全治

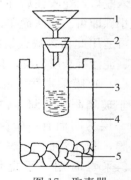

图17　取毒器

1. 漏斗　2. 胶塞　3. 玻璃试管
4. 广口保温瓶　5. 冰块

愈后再采不迟。

6 **采毒的注意事项有哪些？**

（1）要做好安全工作，采毒室不是接待室或参观室，尤其在采毒时严禁与此事无关的闲杂人员入内，以防出现差错。

（2）无论采集哪种毒蛇或使用哪种采毒方法，采毒人员都要严肃认真，不能大意。在保证蛇毒质量的同时，必须绷紧"安全第一"这根弦，时刻警惕被蛇咬伤。

（3）采毒人员必须具有爱护蛇类的素质。捉蛇颈采毒时应松紧适宜。如果捉得过紧，有碍毒蛇的咬皿动作，可能使蛇窒息而亡；如捉得太松，则有被蛇咬伤的危险，故应让蛇头稍能活动，但以不影响咬皿动作为宜。

（4）取毒后放开蛇的动作要快，待蛇头接近容器入口的边缘时，要先放蛇身、后放蛇头。采毒取到一定数量、感到疲劳时应适当休息，洗去手上的黏液，待手干后再取。严禁超负荷疲劳采毒，酿成由精力不集中而引起的蛇伤。

（三）蛇毒的干燥与贮存

1 **蛇毒干燥时常用哪几种方法？**

蛇毒是一种胶状液体，水分不易蒸发出来。为了获得较高质量的蛇毒，只有让液体蛇毒尽快地变成固体，并且在干燥过程中不丧失其活性。目前所采用的方法有三种，即常温真空干燥法、冷冻真空干燥法及低温真空冰冻干燥法。经这样处理得到粗毒，而干燥好坏对蛇毒质量的影响极大。下面仅对粗毒加工予以简单介绍：

（1）常温真空干燥法　将采集的新鲜蛇毒或冷藏蛇毒移入真空干燥器内，同时在干燥器中放入干燥剂，如硅胶或氯化钙，并在其上铺一层纱布，密封后进行抽气。在抽气的过程中，如发现大量气泡在蛇毒表面出现时应暂停抽气，以防气泡外溢；需稍停片刻后再继续抽气，如此反复多次，直至彻底抽干。然后静置24小时左右。通过真空干燥的蛇毒，呈大小不等的结晶块或颗粒，即成干燥的粗蛇毒制品。蛇毒的真空干燥装置见图18。

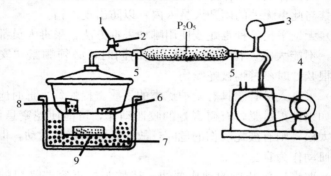

图18　蛇毒的真空干燥装置
1. 放气口　2. 螺旋夹　3. 真空表　4. 真空泵　5. 棉花
6. 冰冻的蛋白质液　7. 冷却剂　8. 固体 NaOH　9. 盐水浴

（2）冰冻真空干燥法　将整个真空干燥器放置在一个大的冰桶内，桶底及干燥器周围填满小冰块，再按常温真空干燥法进行抽气真空干燥。还可将蛇毒事先放置在冰箱中，待冰成块后，再进行真空干燥。眼镜蛇和眼镜王蛇蛇毒冰冻干燥粉剂的得率见表17。

表17　眼镜蛇和眼镜王蛇蛇毒冰冻干燥粉剂的得率

样　品	蛇毒毒液量（毫升）	得量（克）	得率（％）	冷冻温度（℃）	真空度（帕）	冻干时间（分）
眼镜蛇	20	3.6	18.00	−26	99 324.8	310
眼镜王蛇	15	2.4	16.00	−28	97 325.0	320

（3）低温真空冰冻干燥法　此法即冷却剂使用干冰（即固态二氧化碳）。其原理同冰冻真空干燥法类似，所不同的是不用干燥剂来吸水而是利用仪器和蛇毒的温差来干燥蛇毒。此法干燥蛇毒快速、产量高、操作方便，更能保证干蛇毒的质量。但技术和设备要求不是一般单位或毒蛇养殖场所能承受的，目前仍在少数条件较好

的科研单位进行（仪器价格昂贵，进口的更贵）。

2 干燥蛇毒时应注意什么？

应特别注意以下几个问题：

（1）各种蛇毒应分开干燥，不能有任何混合。否则，蛇毒将失去价值，只有报废处理了。

（2）采集的毒液中如混掺有杂物，可加适量的注射用水稀释，经过离心处理后，再进行真空干燥，切忌直接进行。

（3）在大量制备干蛇毒时，蛇毒不宜装得太多；否则会影响干燥速度。毒液厚度不宜超过 0.3 厘米。

（4）在常温下干燥鲜蛇毒，应尽量缩短干燥时间，或者到一定数量时再重新干燥 4～6 小时后封装。

（5）干燥剂应充足。在每次添加干燥剂时，应该把蛇毒拿开，避免交叉污染蛇毒。干燥后，应该立即封装。

（6）蛇毒装入干燥器后，在盖好盖子的同时，应在其口边和盖口周围涂上一层薄薄的凡士林，以加强盖合后的密封效果。

（7）从抽成真空的干燥器中取出干蛇毒时，事先得放入一部分空气才能将盖打开。若一下子把开关开大，瞬间即有大量的空气进入。由于气体的扑入会冲起干燥的蛇毒，或使干燥剂粉末飘入蛇毒中，影响蛇毒质量。

（8）干燥后刮干毒时，宜将门窗关严，以防风吹进屋内。刮毒时也应两人操作，以便相互配合照顾，最好戴护目镜和口罩，慎防干毒粉飘入眼、口。

3 干燥后的蛇毒贮存应注意什么？

干蛇毒吸水性强、不耐热，在高温、潮湿或阳光的影响下，均易变质并失去酶的活性。所以，必须做好以下几点才能长期保存：

（1）干燥好的蛇毒称重后，应尽快装入茶色或棕色瓶内，瓶口用软木塞塞紧，然后用蜡或真空油密封。对大瓶的干毒，为了尽量减少不必要的开启，可在密封前先取出一些封装于样品瓶内，以便随时供查或满足零星的小客户，重量可酌情封装。

（2）封装好的蛇毒可放在室内的阴凉处或冰箱恒温保存，一般可保存 10 年以上。切忌置于阳光下或高温超过 30℃ 的地方，如火炉或暖气片旁。

（3）如保存干毒的数量、品种较多时，一定要在盛毒的器皿上标上蛇毒的名称、重量、采毒日期或检验批号等。为避免光线照射，外面最好使用金属有色纸或锡箔避光。

（4）蛇毒是剧毒品，应有专人保管，严格交接手续，按国家剧毒品管理规定执行，不得随意拿取，以免混放而影响质量或发生意外。

（5）为了长期保存备用，最好每隔一段时间（1 年左右）再次进行真空干燥一次，以免回潮影响蛇毒质量。

九、蛇类的综合利用

（一）蛇肉的食用、药用价值及加工方法

1 蛇肉有何营养价值？

蛇肉中含有丰富的蛋白质、脂肪、糖类、钙、磷、铁及维生素A、B族维生素等。最近研究发现，蛇肉中还含有能增加脑细胞活力的谷氨酸，以及能帮助消除疲劳的天门冬氨酸。蛇肉中还含有硫胺素、核黄素及铜、铁、锰、硒、钴等微量元素。蛇肉中还含有丰富的天然牛黄酸，对促进婴幼儿的脑发育和智力发展有重要作用。因此，常吃蛇肉能增进健康、延年益寿，让人变得更加聪明。

2 蛇肉有哪些药用价值及加工方法？

中医认为蛇肉具有祛风湿、散风寒、舒筋活络的功效，并有止痉、止痒作用。临床应用于风湿性关节炎、风湿性瘫痪、类风湿性关节炎、麻风、小儿惊风、疥癣等病。值得一提的是，蛇肉药用不同于食用。蛇类一旦作为药用，应重视产地品种、加工炮制方法和采集季节等，并且在用量上颇有讲究。是否所有蛇种具有同等的药效，尚缺乏科学性的论述报告，有待进一步探讨。

蛇肉的药用基本加工方法，可直接用鲜蛇肉加工制成药物，如纯蛇粉胶囊、蛇肉注射针剂、蛇药酒、蛇干等。以鲜蛇肉入药，一般认为可保留较多的生物活性物质，药效要略胜于干制品。

3 食用蛇肉有讲究吗?

据《虫类药物临床应用》一书记载,蛇有温、平、寒三性。温性蛇有蟒蛇、蝮蛇、五步蛇、竹叶青、银环蛇、金环蛇、眼镜蛇、眼镜王蛇、滑鼠蛇;平性蛇有赤链蛇、王锦蛇、乌梢蛇、灰鼠蛇、海蛇;寒性蛇有水蛇,多分布于南方。蛇肉虽是美味佳肴,但其药理作用也不容忽视,并不是人人都有品尝的口福,像患有高血压、心脏病,内热太盛或大便秘结者是不宜吃蛇肉的。

大多数人认为蛇肉性寒,夏天食蛇肉可以消暑解热,不生痱子、疖子,这种观点有时是片面性的。大多数蛇特别是毒蛇,属温性,寒性较少。绝大多数为无毒的平性蛇,并不是一些人认为越毒的蛇越凉、越祛痱子、疖子。但蛇肉毕竟味道鲜美、营养丰富,如果夏天选择寒性或平性的蛇吃,可以祛痱爽肤,大有药膳之誉。假如在炎热的夏季里吃属温性的毒蛇,有的人就会"上火"并出现牙痛、流鼻血、生热斑等症状。因此,温性蛇最好是立冬后再食用。

4 怎样冷冻和冷藏蛇肉?

蛇肉冷冻前要通过预冻、速冻。预冻在冷却间进行,若无预冻间,可用排气风扇降温。预冷间的温度在0℃,经过2~4小时装入纸箱包装,然后搬入速冻间。在-25℃以下速冻48小时,使纸箱内的蛇肉达到-15℃以下。冷藏温度忌忽高忽低。否则,会导致肉质干枯和肉色泛黄,影响蛇肉的质量。供出口的冻蛇肉,其规格是斩头、剥皮、除内脏,按品种每纸箱装15千克。如果不是将蛇肉冷冻的话,若就近有冷藏条件,应及时予以冷藏,以备外运和销售。

5 怎样挑选食用活蛇?

从健康的角度出发,应该选择健康的活蛇来食用。在市场上购蛇应挑选个头大、无外伤、无注水、无灌沙、活动凶猛的健康活蛇,还要看其有无内伤。因有内伤的活蛇,其受伤部位根本不能食用。检查时，应用双手自然拉直头尾，然后放于地上，看其蜷缩快慢。无毒蛇行动敏捷，毒蛇爬行缓慢属正常现象。另外，还需检测一下有无胆囊。因蛇胆的药用和保健价值很高，所以要买有蛇胆的活蛇食用。蛇胆的手摸方法为：蛇胆的部位在头与肛门中间稍后一点的位置，用大拇指从上而下轻压蛇腹，便能触到一个类似人的鼻尖样滚动的小硬物，那便是蛇胆；若摸触不到的话，很可能被不法商贩抽取了胆汁。因此，只要遵循以上几点，相信大家定会挑选到满意的食用活蛇。

6 怎样杀蛇和剥皮？

做蛇菜前，要先把活蛇杀死，以防被蛇咬伤。蛇的宰杀方法很多。民间多采用摔死或用酒醉死的方法。这里仅介绍几种常规的杀蛇方法。蛇餐馆或大多数常食蛇的人，是将活蛇直接从蛇池（笼）中提出，用利刀或剪刀斩去蛇头，控净蛇血后，从蛇颈处用力撕下整张蛇皮，就得到一条粉色的净条蛇，这种方法适用于大多数的蛇类。但对金环蛇和赤链蛇却需要自尾向头的方向剥离蛇皮，否则蛇皮难以剥下。另一种杀蛇的方法是，将蛇头斩下控净血后，从蛇颈（蛇腹中央）部用剪刀通至肛门，从肛门以上约 2 厘米处剪掉蛇尾（备用），之后从上而下直接撕下蛇皮即可。脚踏蛇肛门杀蛇时，若发现有蛇鞭外翻，也应一并取之，以备后用。

7 怎样去骨取肉？祛除腥臭味？

剥皮后的蛇肉连着骨头，在食用时有时需将骨肉分开，一般可采用生拆和熟拆两种方法。无论是生拆还是熟拆，获取的净蛇肉最好立即烹食。若当时食用不了，剩余蛇肉可放入冰箱贮存。下面将这两种方法简单地介绍一下：

（1）生拆法　适用于个大而肥的大型蛇，如王锦蛇、五步蛇、眼镜蛇、眼镜王蛇、赤峰锦蛇、滑鼠蛇等。方法是用利刀自蛇的肛门处插入，然后在肛门两侧紧靠脊骨两边，将左右肋骨连肉各纵行割开 3 厘米，两手分别将割开的蛇骨连肉捏紧，向蛇头的方向撕开成两条，再将每侧的肋骨与外层蛇肉分离，即可得净蛇肉。食用时，可切成薄片、细丝、窄块、肉丁等。

（2）熟拆法　小型的蛇或较瘦的蛇，不宜采用生拆法，而是用熟拆法。将杀死处理干净的蛇在水中煮 25 分钟左右，然后捞出控净水分后再拆骨剔肉。拆骨时，从头至尾宜轻轻地拆，以防弄断蛇骨。操作时，必须趁热动手操作，一旦冷却后蛇肉粘在骨上则难以撕下。撕下的净蛇肉适合做蛇粥、馅、汤、羹等，老少皆宜，常食有滋补作用。

俗话说，"蛇肉好吃，腥味难闻"。蛇菜肴口味的好坏，关键是祛腥臭。因此，蛇肉或蛇段在下锅前，应放入开水中焯一下，使之在沸水中翻几滚后捞出，有祛腥臭的作用；还可在烹调时加入少许食用甘蔗、辣椒、白糖、啤酒、料酒、葱白、陈皮、胡椒粉、八角等调料，均可起到祛蛇腥臭味的作用。此外，按 500 克蛇段加 25 克纯粮白酒或米酒，在锅内翻炒到酒水熬干后再行烹饪，则腥臭味全无。

（二）蛇胆的药用价值与加工方法

1　蛇胆有哪些药用价值？

蛇胆自古以来就是一种名贵药材，广泛应用于临床和民间。最先记载见于汉朝《名医别录》，有蚺蛇（蟒蛇）胆和蝮蛇胆两种。蛇胆性凉、味苦微甘，有行气祛痰、搜风祛湿、明目益肝的功效。对咳嗽多痰、目赤肿痛、神经衰弱、高热神昏、小儿惊风等症都有良好效果。据临床报道，蛇胆汁用于治疗各种角膜溃疡、浅层点状角膜炎、浅层弥漫性角膜炎、角膜斑等症有较好的疗效，且无副作用。另外，蛇胆应用方便，既可以开水吞服也可以用黄酒送服。

此外，按中医的观点，不同的蛇胆其搜风部位不同，协同作用可收到更好的疗效。灰鼠蛇胆能搜上部的风，眼镜蛇胆可搜中部的风，金环蛇胆可搜下部的风。要是三蛇胆再加银环蛇、百花锦蛇的胆而成五蛇胆，其效果会更佳。

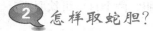

2 怎样取蛇胆？

蛇胆一般位于蛇颈与肛门之间稍微偏后的位置，大者如拇指，小如花生米。取胆时，可用左脚踩住蛇尾，手执蛇头使其腹面朝上；然后，用大拇指由上而下轻轻触摸，若摸到一个稍微坚实且有滚动感的圆形物，那就是胆囊。应用锋利的剪刀剪开一处小口，探手指将蛇胆抠出。摘取时，应连同分离出的胆管一起取下，并将胆管自然打结或用线系住，以防胆汁外流。摘取胆囊的蛇，大多当时不死，健康的还可存活数日。

3 蛇胆有哪几种加工方法？

蛇胆取出后不宜放置过久，必须马上加工处理，否则易变质失去药效。蛇胆制品的加工方法如下：

（1）蛇胆干　用细线扎住蛇胆的胆管或直接将胆管挂在细棍上晾干即可。

（2）蛇胆酒　取2～3个蛇胆，剪开胆囊，置于1 000克左右50度以上的粮食白酒中即可。1～3日后可饮。

（3）胆汁真空干燥粉　将鲜胆汁放入真空干燥器中进行干燥，得到绿黄色的结晶粉末，将粉末装瓶或装袋备用。

（4）蛇胆丸　用蛇胆汁配以补益中药制成丸剂，如"蛇胆追风丸"等。

（5）蛇胆中药　将陈皮、川贝、半夏、天南星等的粉末装入蛇胆酒中，待吸取酒后取出晒干，即成蛇胆陈皮、蛇胆川贝、蛇胆半夏、蛇胆天南星等散剂蛇胆中药。

（6）蜜饯蛇胆陈皮　如广东某柑橘场生产的"蛇胆陈皮"，并非用的中药散剂，而是用老陈皮制成的一种盒装蜜饯。陈皮本身具有止咳化痰作用，加入蛇胆当然可以加强功效了。

（7）泡制蛇胆酒　一般用鲜胆。杀蛇后取出的蛇胆，用水洗尽血污，在少量酒中浸洗5分钟左右，放置在备好的酒瓶中，必须是

50°以上的纯粮白酒，一般放 1～2 枚蛇胆。三蛇胆酒应放品种不同的三枚蛇胆，五蛇胆酒则放五枚不同种类的蛇胆，两个月后可饮服。

4 怎样辨别真假蛇胆?

蛇胆是贵重的动物药材，由于受到自然资源的影响，已日趋减少。市场上常以鸡胆、鸭胆、鱼胆等向人兜售。当人们服用这些伪品后，往往会发生严重的中毒现象，故有必要对其加以辨别。

通常是从胆的外形、大小、色泽、气味，胆管形状，胆汁稠度等几个方面加以辨别。常见蛇胆及鸡、鸭、鱼胆的外观形状见表18。

表18　常见蛇胆及鸡、鸭、鱼胆的外观形状

胆别	形状	质地	大小（厘米）	颜色
眼镜蛇	椭圆形或长卵形，胆蒂略偏侧生长	光滑，具韧性	长 1～2.5 直径 0.5～1	墨绿
眼镜王蛇	椭圆形或长卵形，胆蒂略偏侧生长	光滑，具韧性	长 1.3～3.5 直径 0.5～1.5	黑绿
金环蛇	呈圆形或椭圆形，胆蒂略粗，一侧生长	光滑，具韧性	长 0.7～1.2 直径 0.5～0.7	黄绿
银环蛇	呈圆形或椭圆形，胆蒂一侧生长	光滑，具韧性	长 0.5～1.0 直径 0.5～0.7	墨绿
赤峰锦蛇	长卵形，胆蒂偏侧生长	光滑，具韧性	长 1～2 直径 0.5～0.8	墨绿
黑眉锦蛇	椭圆形，胆蒂较粗，胆皮较厚	光滑，具韧性	长 1～2 直径 0.5～1	深绿
乌梢蛇	豆状或花生仁状，胆蒂细，胆皮较粗糙	具韧性	长 0.8～1.2 直径 0.4～0.8	深绿
滑鼠蛇（水律蛇）	椭圆形，卵形或类肾形，胆蒂较粗	光滑，具韧性	长 1～2.5 直径 0.5～1.2	深绿
百花锦蛇	椭圆形或卵圆形	光滑，具韧性	长 1～1.5 直径 0.5～1	深绿
蟒蛇	呈卵圆形，胆皮较粗糙	光滑，具韧性	长 4～8 直径 2～4	黄白～灰白

（续）

胆别	形状	质地	大小（厘米）	颜色
五步蛇	圆形，卵形，胆皮较厚、较粗糙	具韧性	长 1.5～2.5 直径 1～2	墨绿
蝮蛇	卵形或椭圆形	光滑，具韧性	长 1～1.6 直径 0.5～0.8	黄褐
中国水蛇	长卵形或长椭圆形	光滑，半透明状，具韧性	长 1.5～3 直径 0.8～1.5	黄绿
赤链蛇	长椭圆形或长卵形	光滑，具韧性	长 1.8～2.5 直径 1.5	黄绿
鸡	长卵形胆管粗而短，较粗糙	具韧性	长 1～3 直径 1.5	
鸭	长卵形或长椭圆形，胆管粗而短，粗糙	韧性较差	长 1.5～3 直径 1～2	
鱼	长椭圆形，外表多有金属样光泽，皮极薄	极易破裂	长 1～3 直径 1～1.5	

（1）外形　蛇胆的外形呈椭圆形或卵圆形，囊体较直。鸡胆多呈长椭圆形，囊体瘦长，略弯，两端较尖。鸭胆呈长椭圆形，胆管一端较圆，另一端较尖，囊体略弯。黄鳝胆呈长椭圆形，胆管端较尖。

（2）大小　蛇胆大多为 1～2 克重，大小不一。鸡、鸭胆多为 2～3 克，大小均匀。黄鳝胆较小，多在 0.5 克左右。

（3）气味、色泽　蛇胆气味先苦后甜，微腥，闻之有股甘草味。鸡、鸭胆苦味、腥味都很大。黄鳝胆汁味苦，辛凉。如果掺了蜂蜜的蛇胆，带有一股蜜香味。另外，对掺蜂蜜的伪劣蛇胆，可加碱性酒石酸试剂，使其反应生成红色的氧化亚铜，以有无颜色来加以具体识别。

（4）胆管形状　蛇胆管细长，质地软而有韧性，附连在囊体上。鸡、鸭胆管粗且短，质地硬而脆，不连在囊体上。黄鳝胆管细长，质地硬而韧，不连在囊体上。

（5）胆汁稠度　蛇胆汁浓者稠似糨糊，稀则呈米汤状。鸡、鸭胆汁稠似稀糨糊。黄鳝胆汁呈水样。

（三）蛇鞭的药用价值与加工方法

1 蛇鞭有哪些药用价值？

蛇鞭含有雄性激素和蛋白质等成分。在中医上有"以脏补脏，同气相求"的理论。据有关科研部门测定，蛇鞭所含补肾物质要比鹿鞭高出10％，比海狗肾、狗肾、牛鞭要高出约30％。蛇鞭具有补肾壮阳、温中安脏的功能，可以治疗阳痿、肾虚、耳鸣、慢性睾丸炎、妇女宫冷不孕、性冷淡等症。蛇鞭再加入其他补益中药，药效将更佳，可起到补血养精的作用。对于男性精液减少或含精量低、成活率差所致的不孕症，或对女性内分泌紊乱、排卵差、继发性闭经和经量少所致的不孕症均有疗效，显效率高达92.5％。

目前，以蛇鞭为原料制作的"蛇鞭丸""蛇鞭散"已开始投放海外市场，深受患者欢迎（阴虚阳盛有湿热及性欲亢进者忌用）。

2 怎样摘取蛇鞭？

蛇鞭即雄蛇的生殖器官。一副完整的蛇鞭包括两只性腺睾丸、两条交接器，平时藏卧于雄蛇的泄殖肛腔往后的2～3厘米处。杀蛇时，摘取蛇鞭很简单，方法是平时杀蛇要养成脚踏蛇肛门下端的习惯，这样便于随时分辨蛇的雌雄。若是雄蛇，它的一对蛇鞭马上就会翻伸出来，这时脚下再稍微一用力，使之完全露出来，在做完斩头、剖腹、取胆的活后，然后直接蹲下身去，用手中的剪刀将其剪下即可。剪蛇鞭时，用力要稳，不要将一对蛇鞭剪散。无论是药用还是出售，完整的成对蛇鞭在药效和价格上均高于单鞭和散鞭。

3 怎样加工蛇鞭？

（1）蛇鞭干　杀蛇时，发现是雄蛇要及时将蛇鞭取出，洗净血污，控尽水分后，将其悬于通风处风干或烘干。

（2）蛇鞭散　将烘干后无虫蛀、无霉变的蛇鞭碾成极细的粉末，按小型包装要求，进行真空包装贮存。还可将其装入胶囊，制成蛇鞭胶囊。

（3）蛇鞭酒　取新鲜蛇鞭或优质蛇鞭干，直接泡于 50 度以上的纯粮白酒中，三个月后可饮服，饮完后还可再浸泡一次。若浸泡一年后饮服，再次浸泡则无药效了。

（4）蛇鞭丸　将蛇鞭加入辅助有益的药物，如枸杞、鹿茸、熟地、淮山药、巴戟等（具体剂量由中医诊断后下药炼丸），炼蜜为丸，按医嘱服用。

（四）蛇蜕的采集与药用价值

1 怎样采集蛇蜕？

蛇蜕为各种蛇蜕下的干燥表皮，也就是蛇在活动期中自然蜕下的体表角质层，内含有骨胶原等成分，民间多称为长虫皮、蛇壳、青龙衣等。每年除冬眠期不取外，其余时间均可采集，抖净泥沙后晒干备用。它体轻、质脆易碎、气味略腥。入药者以条长、无杂质、有光泽的为上品，破损者次之。供药用的蛇蜕，采集后抖净泥沙存放于干燥处，注意防潮霉变，待积有一定数量后再售。

2 蛇蜕有哪些药用价值和加工方法？

蛇蜕甘、咸、性平，具有清热解毒、祛风杀虫、明目退翳等功能。主治惊风抽搐、诸疮肿毒、咽喉肿痛、腰痛、乳房肿痛、痔漏、疥癣、脑囊虫、角膜发炎等症，以散剂或煎剂用之。孕妇忌用。蛇蜕的药用加工很简单，大致有三种方法：

（1）煅蛇蜕　将蛇蜕刷净剪成小段，用黄酒将其均匀湿润，黄酒与蛇蜕的比例为 1∶10，待蛇蜕完全拌匀后，取之放入锅内用文火炒至微干，色呈朱黄色时取出晒干，备用。

（2）蛇蜕酒　先用黄酒洗去蛇蜕上的泥沙，置入罐中，加盖后用泥封固，用火再煅压1小时许，次日启封，将泡制的蛇蜕存贮于陶器皿中备用。

（3）蛇蜕制剂　蛇蜕放铁锅内加热炒至收缩结块、出油，待大量出油、全部结块融合转黑时起锅冷却，研成细末装瓶备用。

（五）其他蛇产品的药用价值与加工方法

1 哪些种类的蛇干最具药用价值？有哪几种加工形式？

蛇干制品是传统的中药材之一，其中以蕲蛇（五步蛇）、金钱白花蛇（银环蛇的幼蛇）、乌梢蛇、百花蛇（百花锦蛇）的干品最为名贵，其次是蝮蛇和海蛇。其他种类的蛇干多在民间应用，药店中尚没有出售。乌蛇干的氨基酸含量见表19。

表19　乌蛇干的氨基酸含量

名　　称	含量（%）	名　　称	含量（%）
天门冬氨酸	3.75	缬氨酸	1.95
苏氨酸	1.73	蛋氨酸	0.69
丝氨酸	2.23	异亮氨酸	1.71
谷氨酸	6.85	亮氨酸	3.27
甘氨酸	5.27	酪氨酸	1.05
丙氨酸	3.55	苯丙氨酸	1.67
胱氨酸	0.38	赖氨酸	3.28
精氨酸	3.30	组氨酸	0.60
脯氨酸	2.99	氨基酸总含量	44.27

蛇干的加工大都离不开饼蛇、盘蛇、棍蛇、蛇粉这几种形式。但随着销售对象的不同，客户对蛇干制品如有特定的需求时，加工

者应做到心中有数，尽量满足客户的这些特定要求，才能长期立于不败之地。现国内许多地方常常采用煤饼（球）烘烤，此方法易将蛇盘烤焦或半生不熟而遭虫蛀。此外，煤饼（球）中含有大量硫化物，会降低干品的药效。目前最好的方法是用远红外电烤箱，虽然制干的成本稍高一些，但制成的干品质优价高，并且适宜成批烘烤。

2　蛇皮怎样剥取和干燥定形？

蛇皮是杀蛇时从蛇体表面剥离下来的，它合表皮和真皮为一体。剥皮时，先将蛇头斩落，从腹面正中分开，待剥开一点边后，再用力扯住蛇皮，自前往后，均匀用力，缓缓地往蛇尾方面撕扯，即可将整张蛇皮剥下。对皮肤有破损者，切忌用力过猛将其扯断或撕裂，影响出售价格。

蛇皮剥下后，应立即进行干燥定形。如不能马上处理的，可装袋扎紧口后放于冰箱内贮存，以免腐败变质。蛇皮干燥定形处理的水平，直接影响销售价格。因此，要学会和掌握干燥定形技技术。操作时，先将蛇皮洗净血污、抖干水分；然后，把蛇皮的腹面朝上，笔直地平摊在固定板上；先将蛇颈部用8分钉钉住，皮两侧每隔1厘米左右各布一钉；在绷紧下钉的同时，要掌握蛇皮在板上的笔直度，切勿钉得弯弯曲曲。蛇皮一旦干燥，将很难改变其弯曲的模样，即使改正也颇费工夫。

3　蛇皮怎样入药和贮存？

蛇皮除对体质虚弱、白癜风、腮腺炎、牙痛、恶疮、骨疽等症有疗效外，还有清热解毒、排脓生肌的良效，对指头疔（又叫"蛇头疔"）和不明肿粒有显效。具体的用法是，新鲜蛇皮可直接使用，干蛇皮用温开水或冷开水浸泡后充分润透，剪成稍大于肿块、疮、疽痈患处的条块状，将蛇皮内侧贴于患处，贴皮中央戳1～3个小孔，以利于透气，可拔排毒水脓液外流。患处因发炎甚热，蛇皮易干，可用冷开水反复润湿。0.5～4小时换1次，直至贴愈。

重者可添加白颈蚯蚓 1～3 条捣烂湿敷或在肿处四周涂擦云香精。

需蛇皮留做药用时，可将新鲜蛇皮用刮刀或竹片刮去内侧附着的残肉，蛇皮干时难刮可以充分润透后再刮。春夏两季宜将蛇皮晒至大半干后阴干，秋冬季可阴干收藏备用。

4 **蛇酒有何功效及浸泡方法？**

蛇酒有祛风活络、行气和血、滋阴壮阳、祛湿散寒等功效。能治疗风湿性瘫痪症、中风伤寒、半身不遂、骨节疼痛、口眼歪斜、麻风等病症，特别是对风湿性病症的疗效尤为显著。此外，蛇酒中氨基酸含量很高，详见表 20。

表 20　每百毫升蛇酒中氨基酸含量

氨基酸	含量（毫克）		氨基酸	含量（毫克）	
	游离	水解后		游离	水解后
天门冬氨酸	3.118	9.928	蛋氨酸	0.147	4.383
苏氨酸	0.525	1.121	异亮氨酸	0.834	1.709
丝氨酸	1.609	2.000	亮氨酸	1.435	微量
谷氨酸	1.653	4.624	酪氨酸	2.592	11.13
脯氨酸	2.407	微量	苯丙氨酸	0.645	微量
甘氨酸	0.650	2.328	赖氨酸	1.479	1.800
丙氨酸	2.146	3.343	组氨酸	微量	微量
胱氨酸	0.382	5.832	精氨酸	1.455	2.561
缬氨酸	0.942	3.600	色氨酸	—	—

蛇酒的浸泡方法有活浸法、鲜浸法和干浸法三种，下面简介如下：

（1）活浸法　抓取一条活蛇，把它单独关在干净的蛇箱内闭养 1 个月左右，期间不给水和食物。目的是让它排空腹内的排泄物。浸泡之前把蛇彻底清洗干净，用洁布抹干水分，最后把这条新鲜的蛇直接浸泡在 50℃ 以上的纯粮白酒中，并密封贮存。蛇与酒的比例为 1∶10，即 500 克活蛇可用 5 千克白酒来浸泡。一般密贮两个月后可饮，若浸泡半年或一年以上，则药效更佳。饮用时，可根据病情或个人酒量酌饮。该蛇酒对治疗风湿性关节炎效果特佳。

（2）鲜浸法　把一条健康无病的活蛇杀死，剖去内脏并用清水冲洗干净，放少量白酒中予以消毒（约5分钟即可），拎出时抖净，置于事先备好的纯粮高度酒中，蛇酒的比例可在1∶5左右。密封三个月后可取酒分饮。本酒祛寒湿、疗瘫痪效果极好。

浸泡活的毒蛇时，不要盲目将其毒牙拔去，虽然蛇的头部有毒腺和毒牙（有毒液），但浸入白酒后决不会出现中毒现象，反而使治疗的效果更佳。

（3）干浸法　取一条加工好的蛇干，去鳞称重后，浸泡于重量为蛇干重5～10倍的纯粮高度酒中，最好是60度左右的白酒，如北京二锅头、衡水老白干等，密贮3～6个月后可取饮。蛇干浸酒有用整条泡的，也有切成寸段或粉碎后浸泡的。当然，后者的浸泡时间短于前者，药效也较充分彻底，但外观上不如前者。

上述三种浸泡蛇酒的方法，经一次浸泡饮后，可再重新加酒浸之，但药效会比首次有所降低；再饮后就无浸泡的价值和意义了。酒厂大量生产蛇酒，各项生产指标应达标，详见表21。

表21　蛇酒理化卫生指标

项　目	指　标
装量差异（%）	±2.00
乙醇浓度（体积/体积）	≤38度
每百毫升甲醇含量（克）	≤0.08
每百毫升杂醇含量（克，以异丁醇计）	≤0.20
氢化物（毫克/升，以氯化氢计）	≤2.00
铅（毫克/升，以铅计）	≤1.00
锰（毫克/升，以锰计）	≤2.00
每百毫升谷氨酸（毫克）	≥1.00
每百毫升天门冬氨酸（毫克）	≥1.00

5 怎样熬制和贮存蛇油？蛇油有哪些药用价值？

宰杀蟒蛇和王锦蛇等大型蛇类时，取出腹腔内的脂肪，用文火熬炼。当出油时，应停止加热，压榨后去渣即得纯蛇油。用容器密封保存于常温下备用。

如剖杀的活蛇较多，一时间来不及熬炼，可将剥取下的蛇脂肪用塑料袋装好，放于冰箱或冷柜中保存，待日后需熬炼时解冻化开即可加工。蛇油中含有天然的抑菌成分，与其他动物油明显不同的是，蛇油长期保存不会变质。

蛇油是纯天然的动物性药材。目前，已被大量应用在化妆品和制药行业。以乌梢蛇油为例，乌梢蛇油有主治皮炎、烫伤、烧伤、手脚皲裂、冻疮、痤疮，抑制细菌生长、局部红肿疼痛和润肤防裂的功效；具有调节内分泌失调、润肠通便、养颜美容、防衰老、防止血管硬化和促进血液循环的作用。乌梢蛇油是生产各种皮肤病药物的主要原材料，如慢性湿疹、脚癣、带状疱疹、顽固性皮肤瘙痒、荨麻疹和严重青春痘等的重要配伍原材料，深受市场欢迎和消费者青睐，极具良好的市场发展前景。

6 怎样正确饮用蛇血酒和鲜蛇血？

蛇血酒的配制很有讲究，制作精良的蛇血酒是科学的保健饮品，对多种疾病有辅助治疗作用，如"蛇血祛风酒"是用五步蛇的血配以名贵中药材制成，具有舒筋活血、祛风祛寒的作用，是治风湿和类风湿、脊柱结核、偏瘫等症的良药。

但以低度酒或劣质白酒兑成的蛇血酒，包括生饮鲜蛇血等，人饮用后有百害而无一利，是一种不科学、不卫生的做法。我国的科研人员曾证实，用39度的米酒浸泡鲜蛇血20分钟后，其中的沙门氏菌仍未见有抑制和减少。所以，用低度酒勾兑的蛇血酒或生饮蛇血是非常不卫生的，并且有一定的危险，可能引起急性肠炎、伤寒、副伤寒等疾病。鉴于上述情况，建议蛇血酒用高度的纯粮白酒泡制或鲜蛇血煮熟后再吃，这样就安全、卫生了，不会出现不良的现象和副作用。

参考
文献
REFERENCES

顾学玲，等，2012. 顾学玲是这样养蛇的 [M]. 北京：科学技术文献出版社.

顾学玲，等，2013. 养蛇新技术百问百答 [M]. 北京：中国农业出版社.

顾学玲，等，2013. 高效养蛇 [M]. 北京：机械工业出版社.

黄松，等，2000. 养蛇新法 [M]. 南京：江苏科学技术出版社.

施骏，等，2000. 怎样办好一个养蛇场 [M]. 北京：中国农业出版社.

后记
POSTSCRIPT

　　蛇类虽是野生动物，但它全身都是宝。为了保护它，达到持续利用的目的，人工养殖已提上议事日程。我国大部分地区产蛇，蛇类资源丰富，也适于养蛇。现在，人们对蛇类资源的合理开发、科学养蛇和用蛇，都积累了丰富的经验。根据蛇类的生活习性和特有规律，建立和创造良好的蛇园环境，对蛇实行人工饲养、繁殖、疾病防治、产品加工和收集，已在全国各地获得成功。由于蛇类产品在国际市场上十分畅销，常出现供不应求现象，全国许多地区掀起养蛇热潮，逐渐成为一项新兴产业和广大人民群众致富的好门路。

　　本书的编写可能有些地方与其他图书出入颇大。但是，时间也是检验实践出真知的好标准。我们同样如此，不断地探索与更新合理的养殖方法才是最好的座右铭，我们孜孜追求的正是这个目标。亲爱的读者朋友，让我们更好地携起手来，将养蛇事业继续发扬光大吧！

联系地址：山东省青州市北城蛇蝎园　顾学玲
电　　话：13964700787（微信同号）
邮　　编：262500
QQ：2323177809

彩图 1　眼镜蛇

彩图 2　颈部膨大的眼镜王蛇

彩图 3　蟒　蛇

彩图 4　金环蛇

彩图 5　王锦蛇

彩图6　黑眉锦蛇

彩图7　左为黑眉锦蛇，右为赤链蛇

彩图8　虎斑游蛇

彩图9　正在蜕皮的蛇

彩图10　王锦蛇吞食鹌鹑蛋

彩图11　蛇的美食——鹌鹑

彩图12　蛇园设施与环境

彩图13　多层立体式地下蛇房的平面形状

彩图14　陶管式通风口

彩图15　交配前的王锦蛇

彩图16　人的出入口

彩图17　地下立体蛇房一角

彩图18　多层立体式地下蛇房

彩图19　乌梢蛇

彩图20　蛇场的拐角处

彩图21　青年王锦蛇

彩图22　饲喂人员在给王锦蛇打预防针

彩图23　王锦蛇的针注部位

彩图24　水泥柱上的王锦蛇

彩图25　蜕皮不畅的王锦蛇

彩图26　蜕皮不畅的王锦蛇孕蛇

彩图27　干燥定形的王锦蛇皮

彩图28　蝮　蛇

彩图29　蛇房内的眼镜蛇

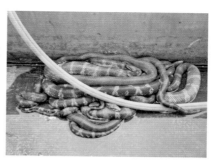

彩图30　赤峰锦蛇

彩图31　交配前的赤峰锦蛇

彩图32　棕黑锦蛇

彩图33　棕黑锦蛇和赤峰锦蛇正在
　　　　交配中（断尾亦不妨碍）

彩图34　棕黑锦蛇和赤峰锦蛇交配前

彩图35　棕黑锦蛇和赤峰锦蛇
　　　　正在交配中

彩图36　棕黑锦蛇和赤峰锦蛇
　　　　正在自由活动

彩图37　棕黑锦蛇蜕皮前与赤峰
　　　　锦蛇的明显比对

彩图38　赤链蛇